高等学校计算机基础教育规划教材

C语言程序设计实验指导及习题

徐立辉　刘冬莉　主编

清华大学出版社
北京

内 容 简 介

本书是《C语言程序设计》(清华大学出版社出版,ISBN 9787302455226)的配套教学用书。

本书由两部分内容组成。第1部分为上机实验指导,由12个实验组成,每个实验都精心设计了编程样例或者调试样例、程序填空题、程序修改题和程序设计题。实验的项目按照C语言知识点展开,深入浅出,引导学生逐渐理解C语言程序设计的思想、方法以及程序调试方法和技巧;并且采用全国计算机等级考试题型,具有一定的实用性。实验内容主要以 Visual C++ 6.0 为编程环境,并且介绍了C程序文件的建立、编辑、编译、连接、运行和调试方法。第2部分为习题集,精心选配了C语言教学内容的课外习题,涵盖了C语言的各种题型、各类数据类型、程序结构和典型算法。

本书可作为高等学校"C语言程序设计"课程的辅导教材,也可作为自学C语言和参加全国计算机等级考试的参考书。

本书封面贴有清华大学出版社防伪标签,无标签者不得销售。

版权所有,侵权必究。举报:010-62782989,beiqinquan@tup.tsinghua.edu.cn

图书在版编目(CIP)数据

C语言程序设计实验指导及习题/徐立辉,刘冬莉主编.—北京:清华大学出版社,2016(2025.1重印)
(高等学校计算机基础教育规划教材)
ISBN 978-7-302-45519-6

Ⅰ.①C… Ⅱ.①徐… ②刘… Ⅲ.①C语言-程序设计-高等学校-教学参考资料
Ⅳ.①TP312.8

中国版本图书馆 CIP 数据核字(2016)第 270856 号

责任编辑:袁勤勇
封面设计:常雪影
责任校对:时翠兰
责任印制:沈　露

出版发行:清华大学出版社
网　　址:https://www.tup.com.cn,https://www.wqxuetang.com
地　　址:北京清华大学学研大厦A座　　　邮　编:100084
社 总 机:010-83470000　　　　　　　　　邮　购:010-62786544
投稿与读者服务:010-62776969,c-service@tup.tsinghua.edu.cn
质量反馈:010-62772015,zhiliang@tup.tsinghua.edu.cn
课件下载:https://www.tup.com.cn,010-83470236

印 装 者:三河市龙大印装有限公司
经　　销:全国新华书店
开　　本:185mm×260mm　　印　张:14　　字　数:322千字
版　　次:2016年11月第1版　　　　　　　印　次:2025年1月第11次印刷
定　　价:39.80元

产品编号:072765-02

前言

　　C语言程序设计是一门实践性很强的课程，课堂教学使学生掌握程序设计的基本思想、方法，而要深刻理解还必须经过上机实验和大量的习题训练，以便学到课堂上无法学到的编程方法、程序调试方法和技巧。

　　本书采取循序渐进、通俗易懂的方法，以上机实验和大量的习题力求理论联系实际，注重培养学生的程序设计能力以及良好的程序设计风格和习惯。

　　本书由两部分内容组成。第1部分为上机实验指导，由12个实验组成，每个实验都精心设计了编程样例或者调试样例、程序填空题、程序修改题和程序设计题。实验的项目按照C语言知识点展开，深入浅出，引导学生逐渐理解C语言程序设计的思想、方法以及程序调试方法和技巧；并且采用全国计算机等级考试题型，具有一定的实用性。实验内容主要以Visual C++ 6.0为编程环境，并且介绍了C程序文件的建立、编辑、编译、连接、运行和调试方法。

　　第2部分为习题集，精心选配了C语言教学内容的课外习题，涵盖了C语言的各种题型、各类数据类型、程序结构和典型算法。

　　应该说明，本书给出的程序并非是唯一正确的解答，也不一定是最佳答案，而仅仅是给读者参考和启发。对同一个题目可以编写出多种程序，我们只是给出其中的一种或几种，读者可以编写出更好的程序。

　　本书由徐立辉进行整体策划。其中第1部分实验内容由徐立辉、陶宁编写；第2部分习题集内容以及附录B部分习题参考答案由徐立辉、刘冬莉、郭彤颖编写；附录A部分VC++ 6.0开发环境概述由冯吉远、刘强、周昶编写。全书由徐立辉、刘冬莉主编并统稿。

　　由于作者水平有限，书中难免存在疏漏和不足之处，敬请读者批评指正。

编　者

2016年10月

目录

第1部分　上机实验篇

实验 1　熟悉 C 语言集成开发环境与顺序结构程序设计 ………………………………… 3
实验 2　选择结构程序设计 …………………………………………………………………… 15
实验 3　循环结构程序设计 …………………………………………………………………… 25
实验 4　数组 …………………………………………………………………………………… 33
实验 5　函数 …………………………………………………………………………………… 41
实验 6　指针 …………………………………………………………………………………… 50
实验 7　结构体与共用体 ……………………………………………………………………… 56
实验 8　文件 …………………………………………………………………………………… 61
实验 9　"指针"提高 …………………………………………………………………………… 65
实验 10　"结构体与共用体"提高 …………………………………………………………… 69
实验 11　"文件"提高 ………………………………………………………………………… 74
实验 12　使用工程组织多个文件 ……………………………………………………………… 78

第2部分　习　题　篇

第 1 章　C 程序设计概述 ……………………………………………………………………… 85
第 2 章　数据类型与表达式 …………………………………………………………………… 90
第 3 章　顺序结构 ……………………………………………………………………………… 96
第 4 章　选择结构 ……………………………………………………………………………… 104
第 5 章　循环结构 ……………………………………………………………………………… 116
第 6 章　数组 …………………………………………………………………………………… 134
第 7 章　函数 …………………………………………………………………………………… 149
第 8 章　指针 …………………………………………………………………………………… 164
第 9 章　结构体与共用体 ……………………………………………………………………… 179
第 10 章　文件 ………………………………………………………………………………… 189

附录 A　Visual C++ 6.0 开发环境概述 …………………………………………………… 197
附录 B　习题参考答案 ……………………………………………………………………… 210
　　第 1 章　C 程序设计概述 ………………………………………………………………… 210
　　第 2 章　数据类型与表达式 ……………………………………………………………… 210
　　第 3 章　顺序结构 ………………………………………………………………………… 211
　　第 4 章　选择结构 ………………………………………………………………………… 212
　　第 5 章　循环结构 ………………………………………………………………………… 212
　　第 6 章　数组 ……………………………………………………………………………… 213
　　第 7 章　函数 ……………………………………………………………………………… 214
　　第 8 章　指针 ……………………………………………………………………………… 215
　　第 9 章　结构体与共用体 ………………………………………………………………… 216
　　第 10 章　文件 …………………………………………………………………………… 217
参考文献 …………………………………………………………………………………………… 218

第1部分

上机实验篇

第1部分

实验 1

熟悉 C 语言集成开发环境与顺序结构程序设计

【实验目的】

(1) 熟悉 Visual C++ 6.0 的集成开发环境。掌握 Visual C++ 6.0 的启动和退出方法;掌握在该集成环境下 C 语言源程序文件的新建、打开、保存和关闭等基本操作以及运行一个 C 语言程序的基本步骤,主要包括编辑、编译、连接和运行 4 个环节。

(2) 了解 C 语言程序的基本结构。掌握算术表达式和赋值表达式的使用。掌握输入函数 scanf()和 getchar()、输出函数 printf()和 putchar()的使用并能调用 C 的数学库函数。

(3) 理解程序调试的基本思想。能够编写简单的 C 语言程序,然后找出和改正程序中的语法错误,并掌握使用菜单的方法进行编译、连接、运行以及关闭程序工作区等操作。

(4) 了解使用记事本建立 C 语言源程序的方法。

【实验内容】

1. 调试样例 1

在 Visual C++ 6.0(VC++ 6.0)(英文版)集成环境下,运行一个 C 语言程序的基本步骤如下所示。

(1) 用户建立自己的文件夹。

用户自己在磁盘上建立一个文件夹,如 D:\C_PROGRAM,用于存放 C 语言程序。

(2) 启动 VC++。

单击桌面上的"开始"按钮,依次选择"程序"→Microsoft Visual Studio 6.0→Microsoft Visual C++ 6.0 选项,进入到 VC++ 集成环境(如图 1-1-1 所示)。

(3) 新建文件。

选择 File/"文件"→New/"新建"菜单命令或按 Ctrl+N 组合键(如图 1-1-2 所示),在弹出的窗口中打开 Files/"文件"选项卡(如图 1-1-3 所示),选中 C++ Source File 选项;然后在右侧 File/"文件"文本框中输入 test.c 作为 C 语言源程序文件的名称;然后在 Location/"目录"中单击 Browse 按钮…并且在出现的下拉列表框中选择用户已经建立的文件夹,如 D:\C_PROGRAM;最后单击 OK/"确定"按钮,就可以在 D:\C_PROGRAM 文件夹下新建了文件 test.c,并且显示出编辑窗口和信息窗口(如图 1-1-4 所示)。

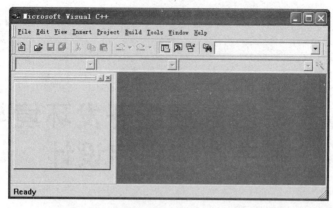

图 1-1-1　Visual C++ 6.0 编程集成化环境

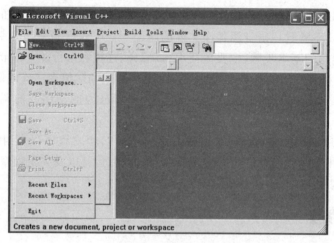

图 1-1-2　新建文件

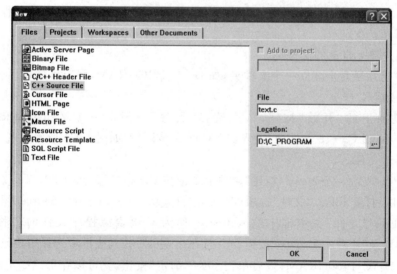

图 1-1-3　文件类型、文件名和存放位置

④　C 语言程序设计实验指导及习题

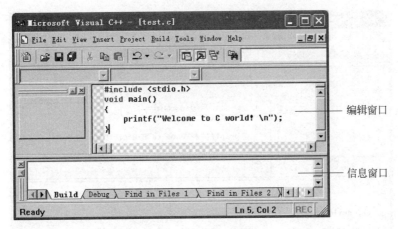

图 1-1-4　编辑源程序

注意：此处文件的扩展名为 c，表示是 C 源程序文件。假如不指定扩展名为 c，则 VC++ 会把扩展名默认定义为 cpp，表示是 C++ 源程序文件。另外，确定 C 源程序文件所在的文件夹既可单击 Browse 按钮选择一个已有的文件夹，如选择用户已经建立的文件夹 D:\C_PROGRAM；也可在 Location 下的编辑框中直接输入文件夹名称。

（4）编辑和保存。

单击编辑窗口，在编辑区中输入 C 语言源程序（如图 1-1-4 所示）。然后选择 File/"文件"→Save/"保存"菜单命令来保存源程序文件；或者选择 File/"文件"→Save As/"另存为"菜单命令，以便选择其他的路径和文件名来保存源程序文件。

C 语言源程序如下：

```
#include <stdio.h>
void main()
{
    printf("Welcome to C world!\n");
}
```

（5）编译。

选择 Build/"构建"→Compile test. c/"编译 test. c"菜单命令或按 Ctrl＋F7 组合键（如图 1-1-5 所示），在弹出的对话框中选择"是(Y)"按钮表示同意建立一个默认的项目工作区（如图 1-1-6 所示），然后开始编译并在信息窗口中显示出编译信息（如图 1-1-7 所示）。

在图 1-1-7 的信息窗口中出现的"test. obj －0 error(s)，0 warning(s)"表示编译成功，没有发现语法错误和警告，并且生成了目标文件 test. obj。

注意：如果编译有错误，可以双击提示的错误信息，则在源程序中的错误行前会出现 —> 标记。此时应该检查标记所在行或前一行的程序，找出错误并且改正。另外，有时候一个简单的语法错误，编译系统可能会报告多条错误信息。此时要找出第一条错误信息，改正后重新编译，再找出其他错误，改正后再重新编译，直到没有发现错误或警告并且能生成目标文件为止。

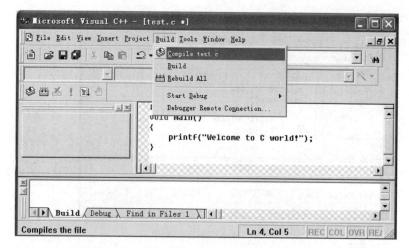

图 1-1-5　编译源程序

图 1-1-6　建立一个工作区

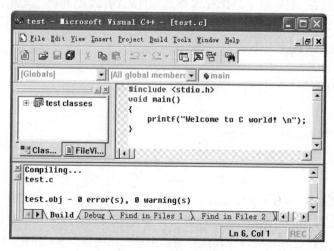

图 1-1-7　编译正确

编译系统能发现源程序中的语法错误可以分成两种：第一种会产生有错误信息提示 error(s)，表明程序中存在致命的、严重的错误，编译通不过并且不能生成目标文件，必须加以改正；另一种会产生警告信息提示 warning(s)，表明这些错误不影响生成目标文件，但由于有时会影响程序执行的结果，所以一般情况下也应该加以改正。

编译系统不能发现源程序中的某些错误，如逻辑错误、运行错误以及计算公式错误等。此时程序的运行结果有错误，所以只能通过后面介绍的程序调试才能找出错误并改正。

程序中错误的种类如下:
① 语法错误。语法错误是指不符合 C 语言的语法规定。
② 逻辑错误。逻辑错误是指没有语法错误,虽然能正常运行,但是运行结果错误。
③ 运行错误。运行错误是指没有语法错误和逻辑错误,但是不能正常运行或者结果错误。

(6) 连接。

选择 Build/"构建"→Build test.exe/"构建 test.c"菜单命令或按 F7 键,也可以用 Rebuild All/"重建全部"菜单命令,开始进行连接(如图 1-1-8 所示),并且在信息窗口中显示出连接信息(如图 1-1-9 所示)。

图 1-1-8　连接

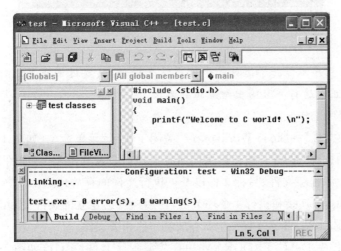

图 1-1-9　连接成功并产生可执行文件

在信息窗口中出现的"test.exe －0 error(s),0 warning(s)"表示连接已经成功,并且生成了可执行文件 test.exe。

注意：如果连接不成功，需要返回重复进行编辑、编译和连接，直到连接成功为止。

（7）运行。

选择 Build/"构建"→Execute test.exe/"执行 test.exe"菜单命令或按 Ctrl＋F5 键（如图 1-1-10 所示），弹出运行窗口（如图 1-1-11 所示），显示出运行结果"Welcome to C world！"，其中 Press any key to continue 是系统自动加上去的，提示用户可以按任意键退出 DOS 窗口，返回到 VC++ 编辑窗口。

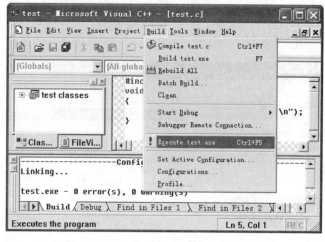

图 1-1-10 运行程序

图 1-1-11 运行窗口

注意：如果程序不能正常运行或者输出结果错误，需要返回重复进行编辑、编译、连接和运行，直到正常运行并且输出结果正确为止。

（8）关闭程序工作区。

选择 File/"文件"→Close Workspace/"关闭工作区"菜单命令（如图 1-1-12 所示），在弹出的对话框中选择"是(Y)"按钮后关闭所有文档窗口及其工作区（如图 1-1-13 所示）。

（9）查看 C 源程序文件、目标文件以及可执行文件的存放位置。

经过编辑、编译、连接和执行 4 个环节后，在用户自己建立的文件夹 D:\C_PROGRAM 和 D:\C_PROGRAM\Debug 文件夹中就存放着一些相关文件。

例如，在文件夹 D:\C_PROGRAM 中存放源程序文件 test.c（如图 1-1-14 所示）；在文件夹 D:\C_PROGRAM\Debug 中存放目标文件 test.obj 以及可执行文件 test.exe（如图 1-1-15 所示）。

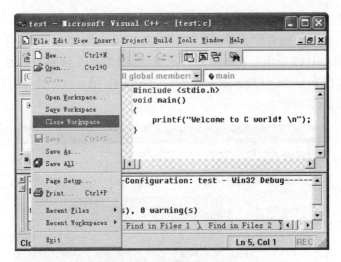

图 1-1-12　关闭程序工作区

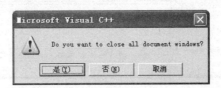

图 1-1-13　关闭所有文档窗口

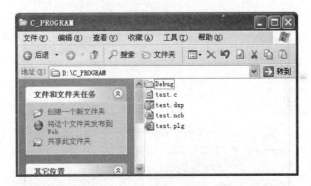

图 1-1-14　目标文件的存放位置

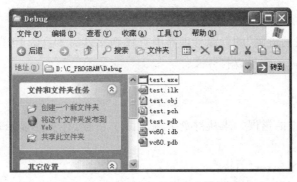

图 1-1-15　可执行文件的存放位置

实验 1　熟悉 C 语言集成开发环境与顺序结构程序设计

（10）再次打开文件。

如果要再次打开 C 源程序文件,可以选择 File/"文件"→Open/"打开"菜单命令或按 Ctrl+O 键(如图 1-1-16 所示),在弹出的对话框(如图 1-1-17 所示)中的"查找范围"下拉列表框中选择文件夹 D:\C_PROGRAM,然后选择文件 test.c,并选择"打开"按钮就可以再次打开源程序文件 test.c。

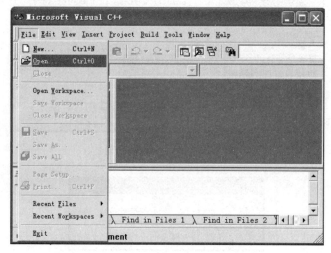

图 1-1-16　打开文件窗口

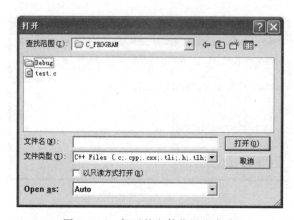

图 1-1-17　打开的文件位置和名称

或者首先在"我的电脑"的资源管理器中查找到文件夹 D:\C_PROGRAM,然后直接双击源程序文件 test.c 也可以打开文件。

2. 调试样例 2

改正下面程序中的错误。求从键盘上输入两个实数,计算并显示这两个实数之和的平方根。

有错误的源程序 error1_1.c：

```
#include <stdio.h>
#include <math>
void mian()
{double x,y,s;
 scanf("%lf,%lf",x,y);
 s=sqrt(x+y);
 printf("s=%lf\n",s);
}
```

(1) 编辑。按照实验1中调试样例1的方法建立一个文件并输入程序error1_1.c。

(2) 编译。在信息窗口中会出现如下提示信息,依次双击错误或警告信息,会出现箭头指向错误所在的行(如图1-1-18所示)。

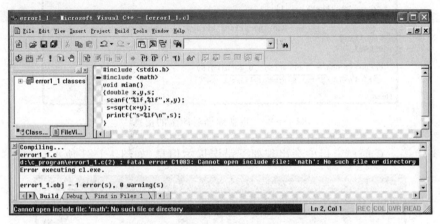

图1-1-18　程序error1_1.c编译产生的信息

(3) 找出错误：♯include＜math＞。

改正错误。♯include＜math.h＞引入math.h头文件,以便使用开平方函数sqrt()。

(4) 重新编译。在信息窗口中会出现如下提示信息(如图1-1-19所示)。

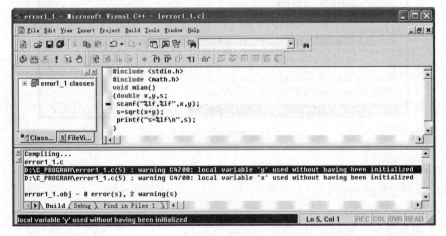

图1-1-19　重新编译后产生的信息

(5) 找出错误:"scanf("%lf,%lf",x,y);"。

改正错误:"scanf("% lf,%lf",&x,&y);"。

(6) 重新编译。编译成功后的界面如图 1-1-20 所示。

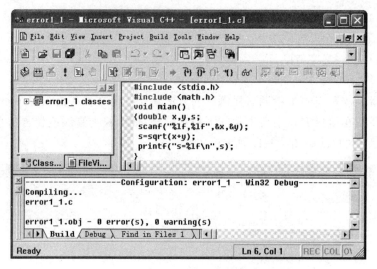

图 1-1-20　重新编译后产生的信息

(7) 连接。在信息窗口中会出现如下错误提示信息(如图 1-1-21 所示)。

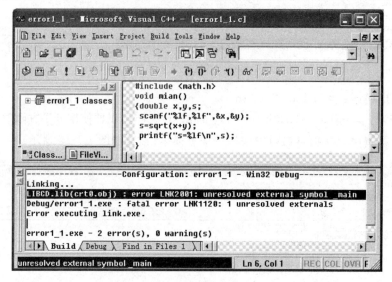

图 1-1-21　连接产生的错误信息

(8) 找出错误:void mian()。

改正错误:void main()。

(9) 重新编译。编译成功。

(10) 重新连接。连接成功(如图 1-1-22 所示)。

(11) 运行。在运行窗口中输入"6.3,2.7"后按 Enter 键,窗口中显示结果正确(如

图 1-1-23 所示),按任意键退出 DOS 窗口,返回到 VC++ 编辑窗口。

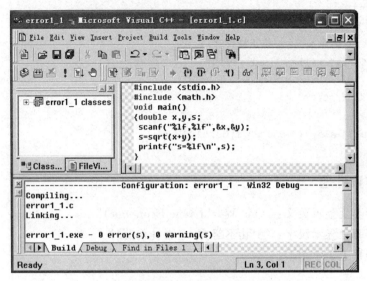

图 1-1-22 重新编译、连接产生的信息

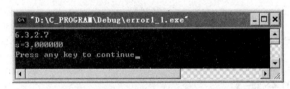

图 1-1-23 程序 error1_1.c 运行结果

3. 程序填空题

将输入的角度转换成弧度。

```
#include <stdio.h>
void main()
{   int degree;
    float radian;
    printf("input degree");
    scanf("_____",&degree);
    radian=3.14159*degree/180;
    printf("%d degrees equal to %f radians. \n",degree,radian);
}
```

4. 程序修改题

模仿调试样例 2 的方法,改正下面程序中的错误。逆序输出一个三位正整数的每一位数字。

有错误的源程序 error1_2.c:

```
#include <stdio.h>
void main()
{   int d1,d2,d3,i;
    printf("请输入一个三位正整数:");
    scanf("%d",&i);
    d1=i/10;
    d2=i%100/10;
    d3=i%10;
    printf("\n%d->%d%d%d\n",i,d3,d2,d1);
}
```

5. 程序设计题

（1）在屏幕上显示英文："One World,One Economic!"

（2）在屏幕上显示汉字："少壮不努力,老大徒伤悲!"

（3）在屏幕上显示图形：

```
        *
       ***
      *****
```

（4）将连续输入的 4 个数字字符拼成一个 int 型的数值。如输入 4 个字符分别是'1'、'2'、'4'、'8'，应该得到一个整型数值 1248。

【实验结果和分析】

（1）将 C 语言源程序、运行结果写在实验报告中。

（2）分析源程序和运行结果，并将遇到的问题和解决问题的方法写在实验报告中。

实验 2

选择结构程序设计

【实验目的】

(1) 掌握关系表达式和逻辑表达式的使用。

(2) 熟练掌握各种类型 if 语句的使用方法。掌握 switch 语句以及其中的 break 语句的使用方法。

(3) 掌握使用工具栏的方法进行编译、连接和运行的操作。

(4) 掌握使用单步调试程序的方法。

【实验内容】

1. 调试样例 1

改正下面程序中的错误。掌握使用工具栏的方法进行编译、连接和运行的操作。求输入一个字符,判断它是空格字符、数字字符、大写字母、小写字母,还是其他字符。

有错误的源程序 error2_1.c:

```
#include <stdio.h>
void main()
{   char c;
    printf("input a character: ");
    c=getchar()
    if(c==' ');
        printf("This is a space character\n");
    else if(c>='0'&&c<='9')
        printf("This is a digit\n");
    else if(c>='A'&&c<='Z')
        printf("This is a capital letter\n");
    else if(c>='a'&&c<='z')
        print("This is a small letter\n");
    else
        printf("This is an other character\n");
}
```

(1) 按照实验 1 中调试样例 1 的方法建立一个文件并输入程序 error2_1.c。

(2) 打开 Build MiniBar/"编译微型条"工具栏。通过 Tools/"工具"菜单→Customize…/"定制…"命令(如图 1-2-1 所示),在弹出的 Customize 对话框中,打开 Toolbars/"工具栏"选项卡(如图 1-2-2 所示),单击 Build MiniBar/"编译微型条"选项打开工具栏。

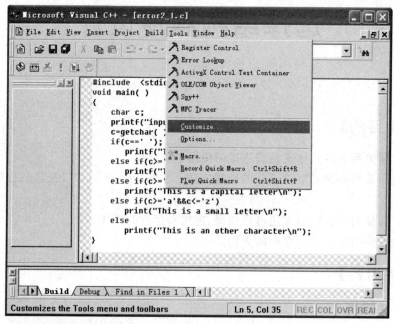

图 1-2-1　选择 Tools/"工具"→Customize…/"定制…"命令

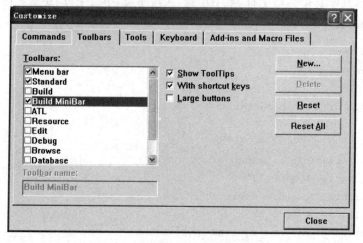

图 1-2-2　Toolbars/"工具栏"选项卡

另外一种方法。通过在 VC++ 程序窗口中,右击菜单栏或工具栏,打开工具栏快捷菜单(如图 1-2-3 所示),选择 Build MiniBar/"编译微型条"选项打开工具栏,如图 1-2-4 所示。

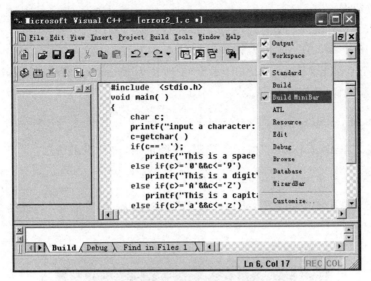

图 1-2-3　工具栏快捷菜单

图 1-2-4　Build MiniBar/"编译微型条"工具栏

（3）编译。单击 Build MiniBar/"编译微型条"工具栏中的 （Compile/"编译"）按钮，在信息窗口中会出现如下提示信息，依次双击错误或警告信息，会出现箭头指向错误所在的行，如图 1-2-5 所示。

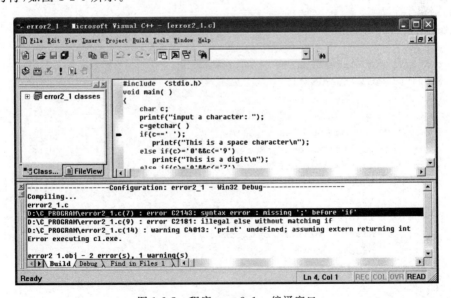

图 1-2-5　程序 error2_1.c 编译窗口

实验 2　选择结构程序设计

(4) 修改错误。

错误 1：c=getchar() 改正为 c=getchar();

错误 2：if(c=='')； 改正为 if(c=='')

警告：print("This is a small letter\n")；改正为 printf("This is a small letter\n")；

修改之后，重新编译，得到正确信息：

error2_1.obj-0 error(s),0 warning(s)

(5) 连接。单击 ▦(Build/"构建")按钮，连接正确，得到提示信息：

error2_1.exe-0 error(s),0 warning(s)

(6) 运行。单击 !(Build Execute/"运行")按钮，输入字母 C，运行结果如图 1-2-6 所示。

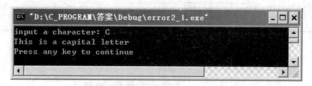

图 1-2-6　程序 error2_1.c 运行结果

2．调试样例 2

掌握使用单步调试程序的方法，改正下面程序中的错误。下面是计算器程序，用户输入运算数和四则运算符，输出计算结果。

有错误的源程序 error2_2.c：

```
#include <stdio.h>
void main()
{int a,b,result;
 char c;
 printf("input expression: a+(-,*,/,%%)b\n");
 scanf("%d%c%d",&a,&c,&b);
 switch(c)
   {case '+': printf("a+b=%d\n",a+b);break;
    case '-': printf("a-b=%d\n",a-b);
    case '*': printf("a*b=%d\n",a*b);break;
    case '/': if(b!=0) printf("a/b=%d\n",a/b);
              else    printf("b=0,error");
              break;
    case '%': if(b!=0) printf("a%%b=%d\n",a%b);
              else    printf("b=0,error");
              break;
    default: printf("input error\n");
   }
}
```

(1) 打开已经建立在 D 盘 C_PROGRAM 文件夹中的源程序 error2_2.c,对程序进行编译、连接,没有出现错误信息,运行时输入数据"6－3",发现运行结果与题目不符合,如图 1-2-7 所示。

图 1-2-7　程序 error2_2.c 错误运行结果

(2) 打开调试工具栏。通过 Tools/"工具"菜单→Customize…/"定制…"命令(在调试样例 1 中如图 1-2-1 所示),在弹出的 Customize 对话框中,打开 Toolbars/"工具栏"选项卡(如图 1-2-8 所示),单击 Debug/"调试"选项,打开工具栏。

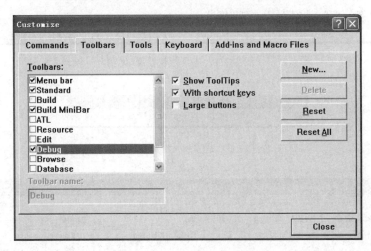

图 1-2-8　Toolbars/"工具栏"选项卡

另外一种方法。通过在 VC++ 程序窗口中,右击菜单栏或工具栏,打开工具栏快捷菜单(如图 1-2-9 所示),选择 Debug/"调试"选项打开工具栏,如图 1-2-10 所示。

(3) 单步调试。单击 Debug/"调试"工具栏中的 ⓞ (Step Over/"单步")按钮,每次执行一条语句,编辑窗口中出现一个箭头指向某一行,说明程序将要执行该行,每次单击一次单步按钮,箭头将指向下一行语句。在观察窗口和变量窗口中观察变量值的变化情况,如图 1-2-11 所示。

注意：在观察窗口中观察变量值的变化时,需要在观察窗口中的 Name 项中输入要观察的变量名,输入后在 Value 项中查看变量的值。

(4) 继续单击 ⓞ 按钮两次,对程序进行单步调试,此时程序执行到输入语句。使箭头指向如图 1-2-12 所示的位置时,在变量窗口中可以看见这个变量值的变化情况。

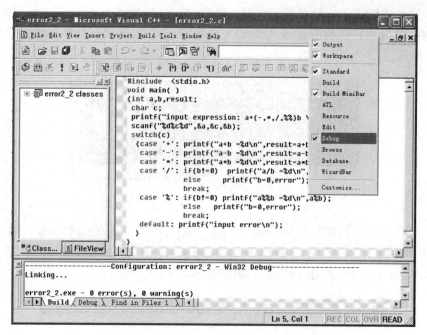

图 1-2-9 工具栏快捷菜单

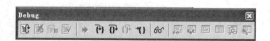

图 1-2-10 Debug/"调试"工具栏

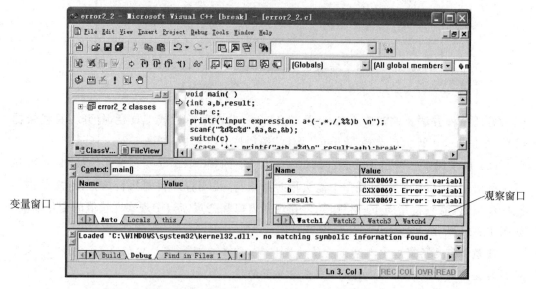

图 1-2-11 程序 error2_2.c 单步调试信息窗口

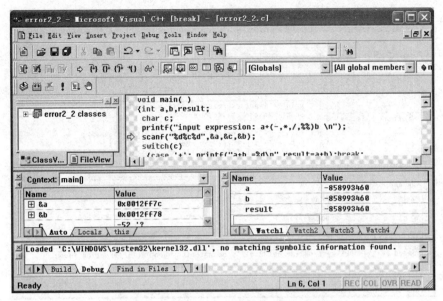

图 1-2-12　单步调试时变量 a、b、result 的值

此时的运行窗口如图 1-2-13 所示，继续单击 {+} 按钮一次，并在运行窗口输入数据（如图 1-2-14 所示），按 Enter 键以后，箭头指向位置改变处（如图 1-2-15 所示），在变量窗口可以看到变量 a、b 的数值，与输入的数据相同，正确。

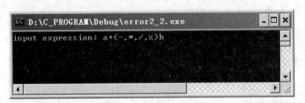

图 1-2-13　运行窗口

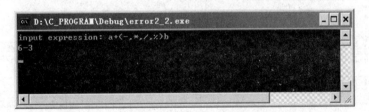

图 1-2-14　在运行窗口输入数据

（5）继续单击 {+} 按钮两次，对程序进行单步调试（如图 1-2-16 所示），运行结果与题意相符，如图 1-2-17 所示。

（6）继续单击 {+} 按钮一次，对程序进行单步调试，发现 result＝18，如图 1-2-18 所示。发现在运行窗口显示错误结果（如图 1-2-19 所示）。由题意以及输入数据可知，运行结果应该显示：

　　a-b=3;

实验 2　选择结构程序设计

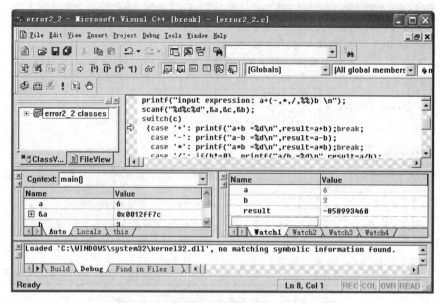

图 1-2-15　单步调试时变量 a、b、result 的值

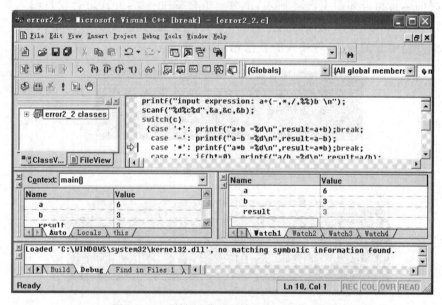

图 1-2-16　单步调试时变量 a、b、result 的值

图 1-2-17　运行窗口

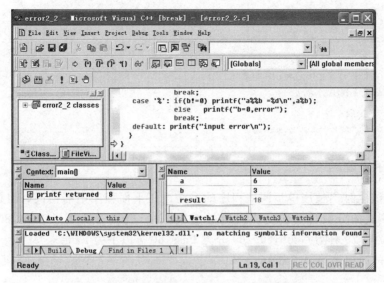

图 1-2-18　单步调试时变量 a、b、result 的值

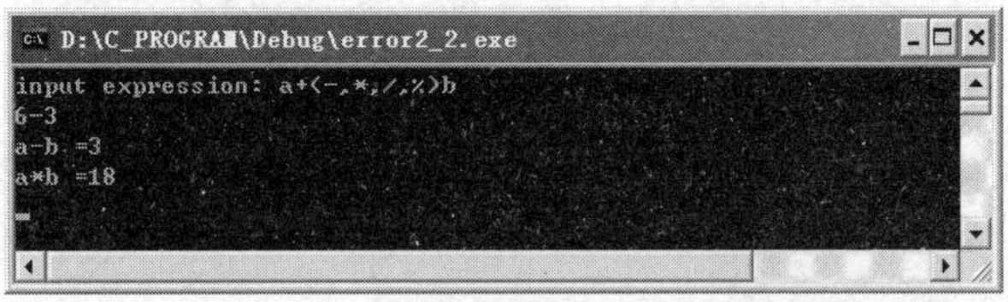

图 1-2-19　在运行窗口显示错误结果

而实际显示:

a－b=3;

a * b=18;

找出错误:case '－': "printf("a－b = %d\n",a－b);"。

改正错误:case '－': "printf("a－b = %d\n",a－b); break;"。

(7) 停止单步调试。单击 Debug/"调试"工具栏中的 ■(Stop Debugging/"停止调试")按钮,停止程序调试。

(8) 再次对程序进行编译、连接,没有发现错误和警告。运行时输入"6－3",运行结果符合题意,如图 1-2-20 所示。

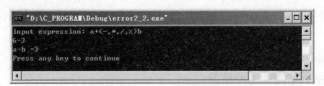

图 1-2-20　程序 error2_2.c 正确运行结果

3. 程序填空题

输入两个数,输出其中较大的数。

```
#include <stdio.h>
void main()
{   int a,b,max;
    printf("\n input two numbers: ");
    scanf("%d%d",&a,&b);
    max=_____;
    printf("max=%d\n", max);}
```

4. 程序修改题

模仿调试样例 2,使用单步调试程序的方法改正下面程序中的错误。根据输入的学生成绩,将测试的分数自动转变成对应的等级。90~100 分为 Excellent,80~89 分为 Very good,70~79 分为 Good,60~69 分为 Pass,60 分以下为 Fail。

有错误的源程序 error2_3.c:

```
#include <stdio.h>
void main()
{   int grade;
    printf("Please input grade(0~100):");
    scanf("%d",grade);
    if(grade>=90)
       printf("Excellent\n");
    else if(grade>=80)
       printf("Very good\n");
    else(grade>=70)
       printf("Good\n");
    else if(grade>=60)
       printf("Pass\n" );
    else
       printf("Fail\n");
}
```

5. 程序设计题

(1) 如果输入一个 1~7 之间的数字,则输出星期一—星期日的英文单词,否则输出 error。

(2) 用 if 语句的嵌套方法编写程序,求某一年是否为闰年。闰年的条件是满足下面二者之一:

① 能被 4 整除,但是不能被 100 整除;

② 能被 4 整除,又能被 400 整除。

【实验结果和分析】

(1) 将 C 语言源程序、运行结果写在实验报告中。

(2) 分析源程序和运行结果,并将遇到的问题和解决问题的方法写在实验报告中。

实验 3

循环结构程序设计

【实验目的】

(1) 熟练掌握使用 while、do…while、for 和 goto 语句实现循环的方法。
(2) 掌握 break 和 continue 语句的使用以及它们之间的区别。
(3) 掌握用循环的方法实现一些常用算法。
(4) 掌握断点调试方法。
(5) 掌握运行到光标位置的调试方法。

【实验内容】

1. 调试样例 1

掌握断点调试方法,改正下面程序中的错误。用 while 语句构成循环,求 10!。
有错误的源程序 error3_1.c:

```
#include <stdio.h>
void main()
{int i;
long f;
i=1;
while(i<=10)                    /*调试时设置断点*/
  {f=f*i;
   i++;}
printf("10!=%ld",f);
printf("\n");                   /*调试时设置断点*/
}
```

(1) 打开已经建立在 D 盘 C_PROGRAM 文件夹中的源程序 error3_1.c,对程序进行编译、连接,没有出现错误信息(如图 1-3-1 所示),但是发现运行结果与题目不符合(如图 1-3-2 所示)。

(2) 设置断点。依次将光标定位到源程序注释设置断点的位置,单击 Build MiniBar/"编译微型条"工具栏中的 ✋ (Insert/Remove Breakpoint/"插入或移去断点")按钮,该行的前端会出现一个圆点,即断点设置成功。如果要取消设置好的断点,只要将光标定位到

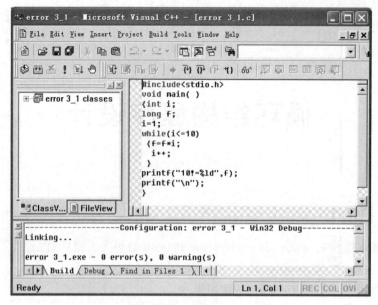

图 1-3-1　程序 error3_1.c 连接成功

图 1-3-2　程序 error3_1.c 错误运行结果

要取消断点所在行,单击 Build MiniBar/"编译微型条"工具栏中的 (Insert/Remove Breakpoint/"插入或移去断点")按钮,即可取消该断点。

(3) 断点调试。单击 Build MiniBar 工具栏中的 (Go)按钮,程序执行到第一个断点位置,在观察窗口和变量窗口(如图 1-3-3 所示)中观察 f、i 的值。由此可知 f 的取值不正确,通过对程序的分析可知错误是在 while(i<=10)循环前没有给变量 f 赋初始值,因此要在循环前添加语句:

　　　　f=1;

单击 Debug/"调试"工具栏中 (Stop Debugging/"停止调试")按钮,停止程序调试。

(4) 单击 (Compile/"编译")按钮重新对程序进行编译后,单击 (Go)按钮继续进行断点调试,当单击此按钮运行到第二个断点时,从观察窗口和变量窗口中可看见 f、i 变量的值(如图 1-3-4 所示),并且在运行窗口显示运行结果(如图 1-3-5 所示)。结果与题目相符,正确。

(5) 停止断点调试。单击 Debug/"调试"工具栏中 (Stop Debugging/"停止调试")按钮,停止程序调试。

2. 调试样例 2

掌握运行到光标位置的调试方法,改正下面程序中的错误。求 100 以内的全部素数。

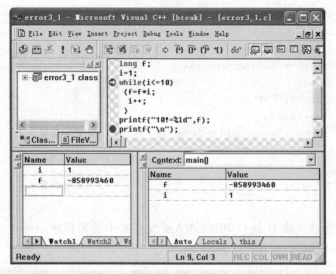

图 1-3-3　程序 error3_1.c 断点调试

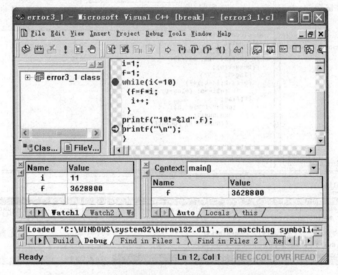

图 1-3-4　在观察窗口、变量窗口中查看当前值

图 1-3-5　程序 error3_1.c 运行结果

有错误的源程序 error3_2.c：

```
#include <stdio.h>
void main()
    { int n, flag, i, k, num;
     for(n=2,n<=100;n=n+1)                    /*光标位置*/
```

实验 3　循环结构程序设计

```
        {k=sqrt(n);
         flag=1;
         for(i=2,i<=k;i++)
           if(n%i==0){flag=0;break;}
         if(flag)
           {printf("%5d",n);
            num=num+1;
            if(num%5==0)   printf("\n");           /*光标位置*/
           }
        }
     printf("\n");                                  /*光标位置*/
}
```

(1) 打开已经建立在 D 盘 C_PROGRAM 文件夹中的源程序 error3_2.c,对程序进行编译,如图 1-3-6 所示。

图 1-3-6　程序 error3_2.c 编译结果

信息窗口中的错误信息是:

`missing ';' before ')'`

双击错误信息,箭头指向:for (i＝2,i＜＝k;i＋＋)。
错误信息指出括号中缺少分号(;),因此应将这一行更正为:for (i＝2;i＜＝k;i＋＋)。
信息窗口中的警告信息是:

`'sqrt' undefined; assuming extern returning int`

双击警告信息,箭头指向下面语句行:

`k=sqrt(n);`

警告中指出 sqrt 没有定义，由于应用了求平方根函数 sqrt()，因此应该在源程序开头增加调用数学函数头文件的语句，即：

`#include <math.h>`

修改后，对程序重新进行编译和连接，没有出现错误信息。

（2）运行到光标位置的调试。

用鼠标单击程序第 5 行，光标在该行的前端闪烁，参见如图 1-3-7 所示。

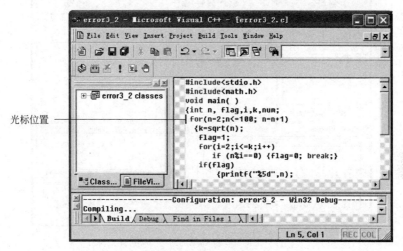

图 1-3-7　光标位置设置

单击 Debug/"调试"工具栏中的 (Run to Cursor) 按钮，程序将运行到光标所在的位置，如图 1-3-8 所示。可以在变量窗口和观察窗口中看到变量的值，窗口中显示的值正确。

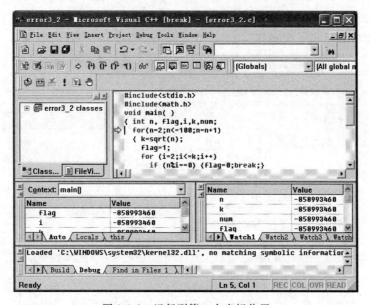

图 1-3-8　运行到第一个光标位置

实验 3　循环结构程序设计

(3) 第二个光标位置设置在语句行：

```
if(num%5==0)printf("\n");
```

单击 *{} 按钮，程序将运行到光标所在的位置（如图 1-3-9 所示），可以在变量窗口中看见第一次循环后，各个变量的值的变化，num 出错。

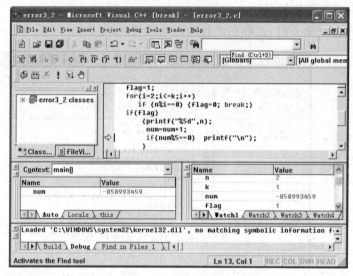

图 1-3-9　运行到第二个光标位置

发现错误："{int n, flag,i,k,num;"。

改正错误："{int n, flag,i,k,num=0;"。

单击 Debug/"调试"工具栏中 ■(Stop Debugging/"停止调试")按钮，停止程序调试。重新对程序进行编译后，单击 *{} 按钮，程序将运行到光标所在的位置（如图 1-3-10 所示）。可以在变量窗口看见第一次循环后，各个变量的值的变化，符合题目要求。

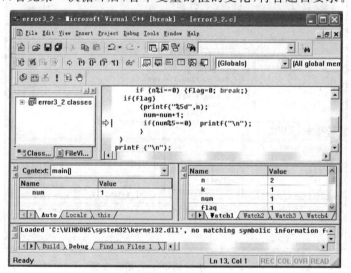

图 1-3-10　num 修改后第二个光标位置

(4) 第三个光标位置设置在最后一行:"printf("\n");"。

单击 {} 按钮,程序将运行到光标所在的位置(如图 1-3-11 所示),可以在观察窗口中看见程序运行后各个变量的值,并且在运行窗口中显示结果(如图 1-3-12 所示),符合题目要求,结果正确。

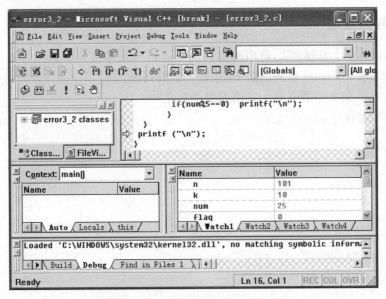

图 1-3-11　运行到第三个光标位置

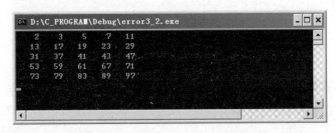

图 1-3-12　程序 error3_2.c 运行结果

(5) 停止单步调试。单击 Debug 工具栏中的 ■(Stop Debugging/"停止调试")按钮,停止程序调试。

3. 程序填空题

求输入的正整数之和。
源程序如下:

```
#include <stdio.h>
void main()
{   int n,i,sum=0;
    for(i=1;i<=10;i++)
    {   scanf("%d",&n);
```

实验 3　循环结构程序设计

```
            if(n<0)_____;
            sum=sum+n;
        }
        printf("%d",sum);
    }
```

4. 程序修改题

模仿调试样例1和样例2,使用断点调试和运行到光标位置的调试方法改正下面程序中的错误。求 fibonacci 数列的前 15 个数。该数列为:1,1,2,3,5,8,13,21…。即前两个数为1和1,从第3个数开始为其前面两个数之和。

有错误的源程序 error3_3.c:

```
#include <stdio.h>
void main()
{   int f1,f2,f;
    int i;
    f1=1;
    f2=1;
    printf("%10d%10d",f1,f2);
    for(i=1;i<15;i++)
    {   f=f1+f2;
        printf("%10d",f);
        f1=f2;
        f2=f;
    }
}
```

5. 程序设计题

(1) 求 $1!+2!+3!+\cdots+10!$。

(2) 用牛顿迭代法求方程 $4x^3-8x^2+6x-12=0$ 在 1.5 附近的根。

(3) 用格里高利公式 $\pi/4 \approx 1-1/3+1/5-1/7+\cdots$ 计算 π 的近似值,精确到最后一项的绝对值小于 10^{-5} 为止。

(4) 统计 1~100 之内能被 3 和 7 整除的数字个数。

【实验结果和分析】

(1) 将 C 语言源程序、运行结果写在实验报告中。

(2) 分析源程序和运行结果,并将遇到的问题和解决问题的方法写在实验报告中。

实验 4

数 组

【实验目的】

(1) 掌握数组的定义、赋值和输入输出的方法。
(2) 掌握用数组实现相关算法(如排序、求最大和最小值、有序数组的插入等)。
(3) 掌握二维数组和字符数组的编程方法。
(4) 掌握使用 Debug 菜单的调试方法。

【实验内容】

1. 调试样例 1

掌握使用 Debug 菜单的调试方法(Debug 菜单下的子命令功能见表 1-4-1),改正下面程序中的错误。求 fibonacci 数列的前 10 个数。该数列为:1,1,2,3,5,8,13,21…。即前两个数为 1 和 1,从第 3 个数开始为其前面两个数之和。

表 1-4-1 Debug 菜单下的子命令功能

子 命 令	快 捷 键	功 能
Go	F5	运行到断点位置或运行到程序结束
Restart	Ctrl+Shift+F5	重新加载程序,并且启动运行
Stop Debugging	Shift+F5	停止调试
Break		从当前位置退出
Step Into	F11	单步执行,并且进入调用函数
Step Over	F10	单步执行,但是不进入调用函数
Step Out	Shift+F11	跳出当前函数,回到调用位置
Run to Cursor	Ctrl+F10	运行到当前光标位置

有错误的源程序 error4_1.c:

```c
#include <stdio.h>
void main()
{int i;
 int fib[i]={1,1};
 for(i=2;i<10;i++)
```

```
      fib[i]=fib[i-1]+fib[i-2];
   for(i=1;i<10;i++)                        /*调试时设置断点*/
     { if(i%5==0) printf("\n");             /*每输出5个数换行*/
       printf("%7d",fib[i]);                /*调试时设置断点*/
     }
   printf("\n");                            /*调试时设置断点*/
 }
```

（1）打开已经建立在 D 盘 C_PROGRAM 文件夹中的源程序 error4_1.c,对程序进行编译,如图 1-4-1 所示。

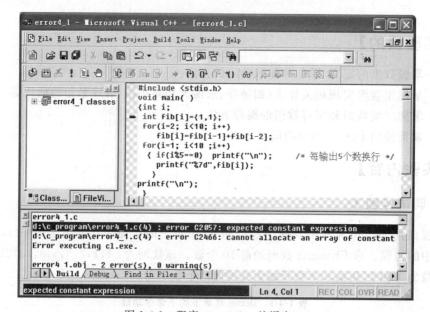

图 1-4-1　程序 error4_1.c 编译窗口

从程序分析错误在于数组 fib 的定义,方括号中必须是常量表达式,因此语句应更正为：

`int fib[10]={1,1};`

重新对程序进行编译、连接,没有提示错误。运行程序,发现结果与题目不符,如图 1-4-2 所示。

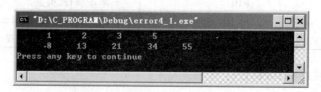

图 1-4-2　程序 error4_1.c 运行结果

（2）调试。首先在程序注释的位置设置断点,通过 Build/"编译"菜单→Star Debug/"开始调试"→Go/"到"命令(如图 1-4-3 所示),程序运行到第一个断点(如图 1-4-4 所示),从观察窗口中能够看见数组 fib[10]元素的值,与题目相符。

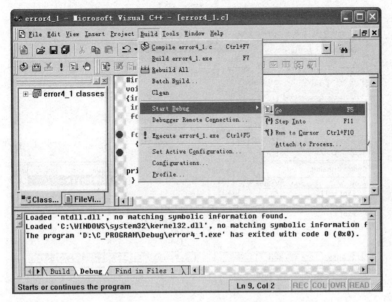

图 1-4-3　程序 error4_1.c 调试

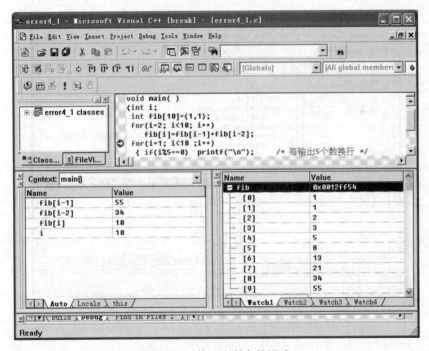

图 1-4-4　第一个断点的调试

(3) 在窗口中的菜单栏出现了 Debug 菜单(如图 1-4-5 所示),在菜单中,再次单击 Go/"到"命令,可以从变量窗口观察到各变量值的变化,i=1,fib[i]=1,如图 1-4-6 所示。由此分析程序,数组下标值应从 0 开始,因此可知:

错误：for(i=1; i<10;i++)。

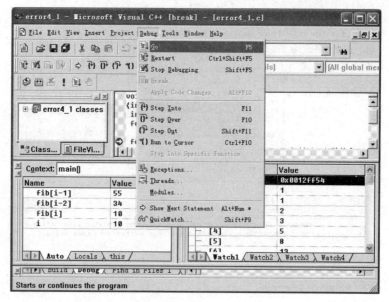

图 1-4-5　Debug 菜单

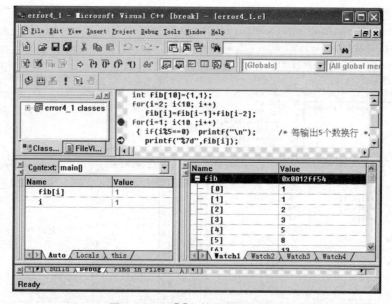

图 1-4-6　fib[i]起始位置显示错误

改正：for(i=0；i＜10；i＋＋)。

单击 Debug/"调试"工具栏中 (Stop Debugging/"停止调试")按钮，停止程序调试。

(4) 单击 (Compile/"编译")按钮重新对程序进行编译后，选择 Debug→Go 菜单命令，将程序运行到最后一条语句，运行结果和题目相符，如图 1-4-7 所示。

(5) 单击 Stop Debugging/"停止调试"选项停止调试。

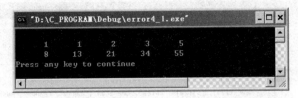

图 1-4-7　程序 error4_1.c 运行结果

2．调试样例 2

掌握使用 Debug 菜单的调试方法，改正下面程序中的错误。编程将字符串按照从小到大的顺序排列。

有错误的源程序 error4_2.c：

```
#include <stdio.h>
void main()
{int i,j;
 char t[20],s[5][20]={"China","American","Japan","France","Australia"};
 for(i=0;i<4;i++)
   for(j=i+1;j<5;j++)
     if(s[i]>s[j])                    /*调试时设置断点*/
       { strcpy(t,s[i]);
         strcpy(s[i],s[j]);
         strcpy( s[j],t);
       }
 for(i=0;i<5;i++)                     /*调试时设置断点*/
   printf("\n%s",s[i]);
}
```

（1）打开已经建立在 D 盘 C_PROGRAM 文件夹中的源程序 error4_2.C，对程序进行编译，在信息窗口中有一条警告信息（如图 1-4-8 所示）：

'strcpy' undefined; assuming extern returning int

由于使用了字符串函数，因此，程序应调用字符串的头函数，即在程序中添加：

#include <string.h>

重新编译、连接，没有错误。运行程序，发现数组中字符串的顺序没有改变（如图 1-4-9 所示），与题目要求不符。

（2）调试。按照程序的注释设置断点。通过 Build/"编译"→Star Debug/"开始调试"→Go/"到"命令，对程序进行调试。当菜单栏出现 Debug 菜单时，在菜单中再次单击 Go 命令，可以从变量窗口中观察到各变量值的变化（如图 1-4-10 所示），发现没进行排序，错误。在调试中，分析程序可找到错误语句为：

if(s[i]>s[j])

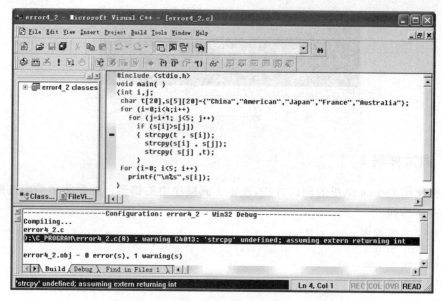

图 1-4-8　程序 error4_2.c 编译错误信息

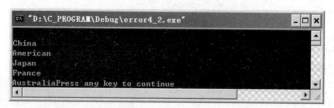

图 1-4-9　程序 error4_2.c 错误运行结果

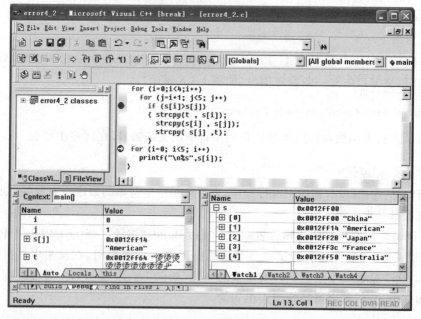

图 1-4-10　程序调试

由于是字符串比较大小,因此应修改为:

if(strcmp(s[i],s[j])>0)

修改错误后重新调试程序,运行结果正确,如图 1-4-11 所示。

图 1-4-11 程序 error4_2.c 正确运行结果

(3)单击 Stop Debugging/"停止调试",停止程序调试。

3. 程序填空题

用冒泡排序法对 10 个整数由小到大排序。

```
#include <stdio.h>
void main()
{   int x[10];
    int i,j,temp;
    printf("输入 10 个整数:\n");
    for(i=0;i<10;i++)
      scanf("%d",&x[i]);
    printf("\n");
    for(i=0;i<9;i++)
      for (j=0;j<9-i;j++)
        if (_____)
          {temp=x[j]; x[j]=x[j+1]; x[j+1]=temp; }
    printf("排序结果为:\n");
    for(i=0;i<10;i++)
      printf("%3d",x[i]);
}
```

4. 程序修改题

模仿调试样例 1,使用 Debug 菜单的调试方法改正下面程序中的错误。输入 5 名学生的 3 门课程的成绩,计算并输出每名学生的平均分和每门课程的平均分。

有错误的源程序 error4_3.c:

```
#include <stdio.h>
void main()
{   int a[5][3],i,j;
    float b[5],c[3],sum;
```

```
    printf("input scores: \n");
    for(i=1;i<=5;i++)
    {   for(j=1;j<=3;j++)
         scanf("%d",&a[i][j]);
    }
    for(i=0;i<5;i++)
    {   sum=0;
        for(j=0;j<3;j++)
           sum=sum+a[i][j];
        b[i]=sum/3.0;
    }
    for(j=0;j<3;j++)
    {   sum=0;
        for(i=0;i<5;i++)
           sum=sum+a[i][j];
        c[j]=sum/5.0;
    }
    for(i=0;i<5;i++)
      printf("No.%d: %8.2f\n",i+1,b[i]);
    printf("English: %8.2f\nMath: %8.2f\nC languag: %8.2f",c[0],c[1],c[2]);
}
```

5. 程序设计题

(1) 将一个5×5的矩阵存入一个5×5的二维数组中,求矩阵对角线元素之和。

(2) 将一个3×5的矩阵存入一个3×5的二维数组中,求出其中最小值以及它所在的行号和列号。

(3) 从键盘输入6个字符串,输出其中最小的字符串。

【实验结果和分析】

(1) 将C语言源程序、运行结果写在实验报告中。

(2) 分析源程序和运行结果,并将遇到的问题和解决问题的方法写在实验报告中。

实验 5

函　　数

【实验目的】

(1) 掌握函数定义及调用方法,熟练掌握使用函数编写程序。
(2) 掌握函数的嵌套调用和递归调用的方法。
(3) 掌握函数实参和形参之间传递数据信息的方式以及返回值的概念。
(4) 掌握单步调试进入函数和跳出函数的方法。
(5) 掌握综合调试的方法。

【实验内容】

1. 调试样例 1

掌握单步调试进入函数和跳出函数的方法,改正下面程序中的错误。求 1!＋2!＋3!＋…＋10!＝4 037 913.000 000。

有错误的源程序 error5_1.c:

```
#include <stdio.h>
float fac(int n);
void main()
{int i;
 double sum=0;
 for(i=1;i<=10;i++)
 sum=sum+f(i);                    /*调试时设置断点*/
 printf("1!+2!+3!+…+10!=%f",sum);
 printf("\n");                    /*调试时设置断点*/
}
float fac(int n)
{double result;
 if(n<0)printf("n<0,input data error!");
 else if(n==1||n==0)result=1;
 else result=n*fac(n-1);
 return n;
}
```

(1) 打开已经建立在 D 盘 C_PROGRAM 文件夹中的源程序 error5_1.c,对程序进行编译,在信息窗口中有一条警告信息(如图 1-5-1 所示):

`'f' undefined;assuming extern returning int`

图 1-5-1　程序 error5_1.c 编译产生的信息

双击警告信息,箭头指向错误语句:"sum=sum+f(i);"。

警告提示信息指出 f 函数没有定义,根据程序分析,应将程序改正为:

`sum=sum+fac(i);`

重新对程序进行编译和连接,没有错误及警告。运行程序,发现运行结果与题目不符(如图 1-5-2 所示)。

图 1-5-2　程序 error5_1.c 错误运行结果

(2) 断点设置。按照程序的注释的位置,单击 Build MiniBar/"编译微型条"工具栏中的 ☝(Insert/Remove Breakpoint)按钮,设置断点。

(3) 调试。按照程序的注释设置断点,单击 Build MiniBar/"编译微型条"菜单中的 ▶(Go)按钮,程序运行到第一个断点的位置(如图 1-5-3 所示)。

连续单击 ▶(Go)按钮,在该断点位置测试,发现当 i 为 1 和 2 时,sum 计算结果正确。当 i=3 时,1!+2!+3!应为 9,而实际显示 sum=6,说明出现错误(如图 1-5-4 所示),由于计算是在函数中,说明错误出现在函数中,需要进入函数进行调试。

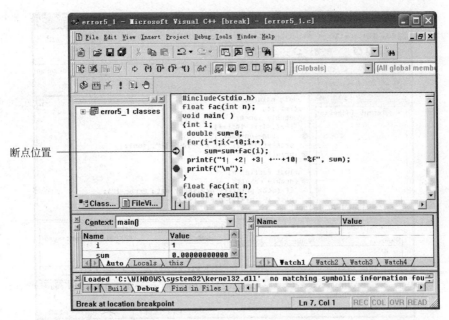

图 1-5-3　程序 error5_1.c 断点调试

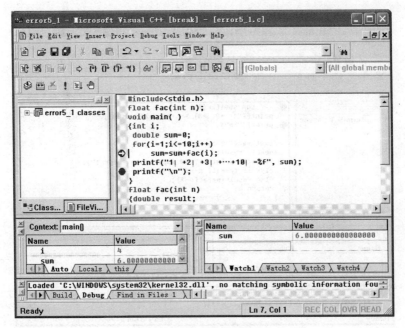

图 1-5-4　断点调试

(4) 单击 Debug/"调试"工具栏中的 ⁂(Step Into)按钮,程序运行进入到函数 fac 中进行调试(如图 1-5-5 所示),窗口中的箭头表示执行到当前行。

(5) 单击 ⁂ 按钮 4 次,对程序进行单步调试,直到程序运行到函数 fac 中的光标处(如图 1-5-6 所示),在观察窗口中观察变量 result、n 的值都正确。

实验 5　函数　43

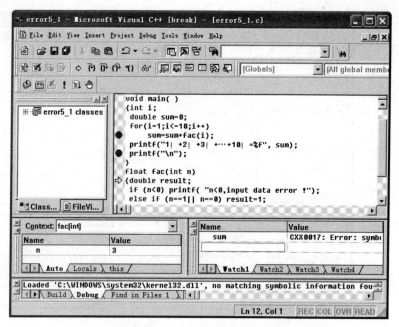

图 1-5-5　程序 error5_1.c 单步调试进入函数

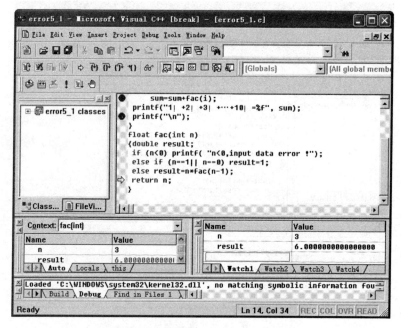

图 1-5-6　程序 error5_1.c 调试函数

分析程序,能看出函数中计算阶乘的是变量 result,因此,

错误:"return n;"。

改正:"return result;"。

(6) 单击 (Step Out) 按钮,程序返回到主程序中下面语句行:

sum=sum+ fac(i);

停止单步调试。单击 Debug/"调试"工具栏中 (Stop Debugging/"停止调试")按钮,停止程序调试。

重新对程序进行编译,结果正确。重新断点调试,显示当 i=3 时,1!+2!+3!应为 9,结果正确(如图 1-5-7 所示)。

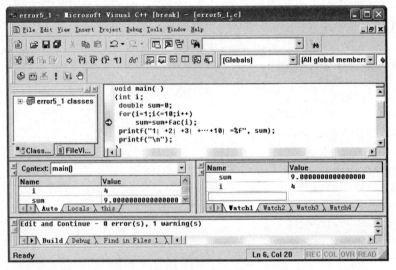

图 1-5-7　显示当 i=3 时 sum 结果

(7) 继续单击 (Go) 按钮,程序运行到主函数中第二个断点的位置,(如图 1-5-8 所示)。当箭头指向语句"printf("\n");"时运行窗口中显示运行结果(如图 1-5-9 所示),符合题目要求,结果正确。

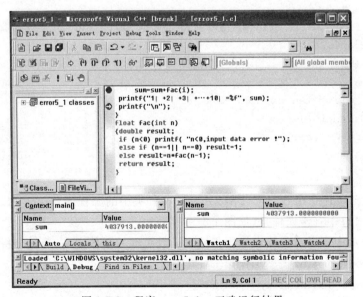

图 1-5-8　程序 error5_1.c 正确运行结果

实验 5　函数　㊺

图 1-5-9　程序 error5_1.c 正确运行结果

2. 调试样例 2

掌握综合调试的方法，改正下面程序中的错误。使用选择法对 $n(n<40)$ 个整数由小到大排序。

有错误的源程序 error5_2.c：

```
#include "stdio.h"
void sort(int array[],int n);
{int i,j,index,temp;
 for(i=0;i<n-1;i++)
    {index=i;
     for(j=i+1;j<n;j++)
       if(array[j]<array[index])index=j;
     temp=array[index];
     array[index]=array[i];
     array[i]=temp; }
}
void main()
{int i,n;
 int a[40];
 printf("enter n:");
 scanf("%d",&n);
   printf("enter the original array(split by space):\n");    /*调试时设置断点*/
 for(i=0;i<n;i++)
   scanf("%d",&a[i]);
 sort(a,n);                                                  /*调试时设置断点*/
 printf("the sorted array:");
 for(i=0;i<n;i++)
   printf("%3d",a[i]);
 printf("\n");                                               /*调试时设置断点*/
}
```

（1）打开已经建立在 D 盘 C_PROGRAM 文件夹中的源程序 error5_2.c，对程序进行编译，在信息窗口中有错误信息（如图 1-5-10 所示）。

从信息窗口中可以看出错误原因是缺少函数头部的函数定义，通过分析程序可知：

错误："void sort(int array[],int n);"。

改正："void sort(int array[],int n)"。

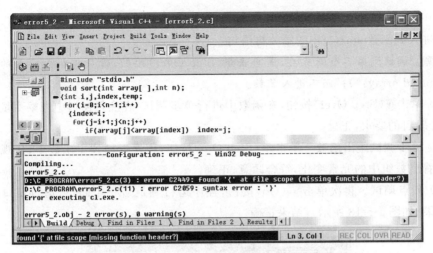

图 1-5-10　程序 error5_2.c 错误信息

重新对程序进行编译、连接,没有错误。

(2) 断点设置。按照程序的注释的位置,单击 Build MiniBar/"编译微型条"工具栏中的 ✋（Insert/Remove Breakpoint）按钮,设置断点。

(3) 断点调试。单击 ▶（Go）按钮,在运行窗口（如图 1-5-11 所示）中输入 6。程序运行到第一个断点位置。

图 1-5-11　程序 error5_2.c 调试时,输入变量 n 的值

(4) 单击 ▶（Go）按钮,在运行窗口中输入"4 1 5 2 6 3"。输入后程序运行到第二个断点位置,从观察窗口（如图 1-5-12 所示）中可以观察变量的值。

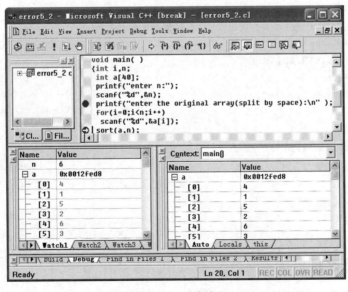

图 1-5-12　观察窗口

实验 5　函数　47

（5）单步调试进入函数。单击 Debug/"调试"工具栏中的 (Step Into)按钮,此时程序运行进入到函数 sort( )中的第一行语句。

注意：调试到第二个断点后,若单击 (Step Over)按钮,箭头将指向后面的"printf ("the sorted array:")；"而不进入函数。

（6）单击 (Step Over)按钮,在函数中进行单步调试,在变量窗口中观察变量值的变化,符合题目的要求,正确。

（7）单步调试跳出函数。单击 (Step Out)按钮,程序返回到主函数中,从观察窗口中可以看出数组中的元素变化,符合题意,正确。

（8）断点调试。再次单击 (Go)按钮,程序运行到最后一个断点,运行窗口中显示运行结果(如图 1-5-13 所示),结果正确。

图 1-5-13　程序 error5_2.c 正确运行结果

（9）停止调试。单击 Debug/"调试"工具栏中的 (Stop Debugging/"停止调试")按钮,停止程序调试。

3. 程序填空题

对被调函数的声明。

```
#include "stdio.h"
void main()
{    _____;                    /*对被调函数的声明*/
    float a,b,c;
    scanf("%f,%f",&a,&b);
    c=sub(a,b);
    printf("sub is %f\n",c);
}

float sub(float x,float y)
{
    float z;
    z=x-y;
    return (z);
}
```

4. 程序修改题

模仿调试样例1,使用单步调试进入函数和跳出函数的方法改正下面程序中的错误。

程序的功能是将 $n \times n$ 矩阵转置。

有错误的源程序 error5_3.c：

```c
#include "stdio.h"
#define N 2
void convert(int arr[N][N])
{   int i,j,temp;
    for(i=0;i<N;i++)
      for(j=0;j<i;j++)
        {temp=arr[i][j]; arr[i][j]=arr[j][i]; arr[j][i]=temp;}
}
void main()
{   int i,j,array[N][N];
    printf("enter the original array(split by space):\n");
    for(i=0;i<N;i++)
    {   for(j=0;j<N;j++)
            scanf("%d",&array[i][j]);
        printf("\n");
    }
    convert(arr);
    printf("the converted array:\n");
    for(i=0;i<N;i++)
    {   for(j=0;j<N;j++)
            printf("%d",array[i][j]);
        printf("\n");
    }
}
```

5. 程序设计题

（1）已知某个学生 5 门课程的成绩，求平均成绩。

（2）使用递归法求 $n!$。

（3）使用递归法编程。编号依次从 1 到 n 的 n 个人按照从小到大报数，数都相差 3，并且第一个人的报数是 7，问第 n 个人的报数是多少？

【实验结果和分析】

（1）将 C 语言源程序、运行结果写在实验报告中。

（2）分析源程序和运行结果，并将遇到的问题和解决问题的方法写在实验报告中。

实验 6

指　　针

【实验目的】

(1) 掌握地址和指针的基本概念,能定义和使用指针变量。
(2) 了解指针与数组之间的关系,能正确使用数组的指针和指向数组的指针变量。掌握指针变量作为函数参数的使用方法。
(3) 掌握指向字符串的指针变量的定义和使用方法。
(4) 掌握指针数组的应用。

【实验内容】

1. 调试样例 1

改正下面程序中的错误。使用冒泡排序算法,将世界十大奇迹文明遗址(埃及金字塔、宙斯神像、法洛斯灯塔、巴比伦空中花园、阿提密斯神殿、罗得斯岛巨像、毛索洛斯墓庙、中国万里长城、亚历山卓港、秦始皇兵马俑)按照英文字母的递增方式排序。

有错误的源程序 error6_1.c:

```c
#include <stdio.h>
#include <string.h>
void main()
{void bubble_sort(char * name[],int n);
 void print(char * name[],int n);
 char ruins_name[]={"Pyramids of Egypt","Statue of Zeus","Lighthouse of Pharos",
                    "Hanging Gardens of Babylon","Temple of Artemis",
                    "Colossus of Rhodes","Mausolus Tomb Temple",
                    "Great Wall of China","Alexandria Port","Qin Shihuang
                    Terracotta Army"};
 int m=10;
 bubble_sort(ruins_name,m);           /*调试时设置断点*/
 print(ruins_name,m);                 /*调试时设置断点*/
}

void bubble_sort(name,n)               /*冒泡法排序*/
```

```c
  char *name[];
  int n;
   {char * temp;
    int i,j;
    for(i=0;i<n-1;i++)
      {for(j=0;j<n-1-i;j++)
        if(strcmp(name[j],name[j+1])<0)      /*调试时设置断点*/
          {temp=name[j];
           name[j]=name[j+1];
           name[j+1]=temp;}                  /*交换字符串的地址*/
      }
   }
  void print(name,n)                          /*将排序后的字符串进行输出*/
  char *name[];
  int n;
  {int i;
   for(i=0;i<n;i++)
     printf("%s\n",name[i]);
  }
```

(1) 打开已经建立在 D 盘 C_PROGRAM 文件夹中的源程序 error6_1.c,对程序进行编译,在信息窗口中有错误信息(如图 1-6-1 所示)。

图 1-6-1　程序 error6_1.c 错误信息

从信息窗口中可以看出错误行为数组定义,通过分析程序可知:

错误:char ruins_name[]。

改正:char * ruins_name[]。

重新对程序进行编译和连接,没有错误及警告。运行程序,发现运行结果与题目不符(如图 1-6-2 所示)。

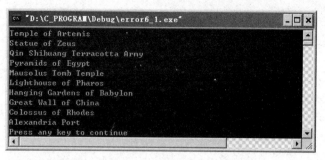

图 1-6-2　程序 error6_1.c 错误运行结果

（2）断点设置。按照程序的注释的位置，单击 Build MiniBar/"编译微型条"工具栏中的 ✋(Insert/Remove Breakpoint)按钮，设置断点。

（3）断点调试。单击 (Go)按钮，程序运行到第一个断点位置，从观察窗口中可以观察变量的值（如图 1-6-3 所示）。

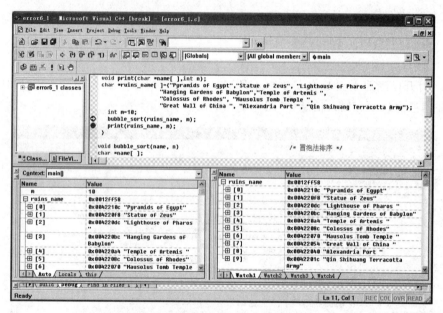

图 1-6-3　程序 error6_1.c 观察窗口 1

（4）单步调试进入函数。单击 Debug/"调试"工具栏中的 (Step Into)按钮，此时程序运行进入到函数 bubble_sort()中的第一行语句。

（5）单击 (Go)按钮，对函数进行调试，程序运行到函数 bubble_sort()中断点的位置。从变量窗口和观察窗口中观察各变量的变化情况，根据题意和程序分析可知：

错误：if(strcmp(name[j],name[j+1])<0)。

改正：if(strcmp(name[j],name[j+1])>0)。

（6）重新调试程序，单击 (Go)按钮，程序运行到主函数的第二个断点位置，从观察窗口中可以观察变量的值（如图 1-6-4 所示），ruins_name[0]中由存储字符串 Pyramids of

Egypt 的首地址改为存储字符串 Alexandria Port 的首地址。

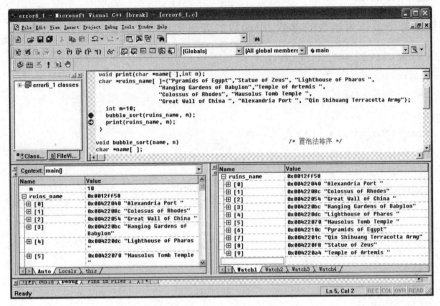

图 1-6-4　程序 error6_1.c 观察窗口 2

注意：在排序过程中若发现位于前面的字符串大于后面的字符串,不是交换被比较的两个字符串本身,而是要交换被比较的两个字符串的指针。就是说,字符串的存储位置不变,改变的是字符串指针的存储位置,这样就避免了使用字符串复制函数 strcpy 进行字符串赋值的过程,简化了算法,减少了时间的开销,提高了运行效率,并且节省了存储空间。

(7) 修改后,单击 Debug/"调试"工具栏中的 ▣ (Stop Debugging/"停止调试")按钮,停止程序调试。

(8) 重新对程序进行编译、连接,没有错误和警告信息。单击 ❗(Build Execute/"运行")按钮,运行结果与题意相符(如图 1-6-5 所示)。

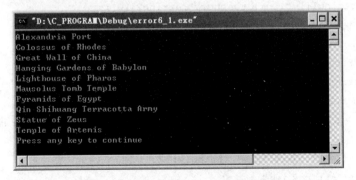

图 1-6-5　程序 error6_1.c 正确运行结果

2. 程序填空题

利用指针变量作为函数的参数,用函数的方法实现两个整数按照升序输出。

```c
#include <stdio.h>
void main()
{   void change(int *q1,int *q2);
    int *p1,*p2,a,b;
    scanf("%d,%d",&a,&b);
    p1=&a;
    p2=&b;
    change(p1,p2);
    printf("%d,%d\n",*p1,*p2);
}

void change(int *q1,int *q2)
{   int t;
    if(*q1>*q2)
    {t=*q1;
     _____;
     *q2=t; }
}
```

3. 程序修改题

改正下面程序中的错误。使用字符指针变量的方法,完成字符串的复制。
有错误的源程序 error6_2.c:

```c
#include <stdio.h>
void main()
{   char string1[]="I am a teacher.",string2[20];
    char *p1,*p2;
    int i;
    p1=string1;
    p2=string2;
    for(;*p1!='\0';p1++,p2++)
        *p1=*p2;                    /*将p1指向的字符串复制到p2指向的字符串*/
    *p2='\0';
    printf("string1 is:%s\n",string1);
    printf("string2 is:");
    for(i=0;string2[i]!='\0';i++)
      printf("%c",string2[i]);
}
```

4. 程序设计题

（1）将数组 array 中 n 个整数按照逆序重新存放。要求实参使用数组名，形参使用指针变量。

（2）使用字符指针变量作函数的实参、形参，完成字符串的连接。

【实验结果和分析】

（1）将 C 语言源程序、运行结果写在实验报告中。

（2）分析源程序和运行结果，并将遇到的问题和解决问题的方法写在实验报告中。

实验 7

结构体与共用体

【实验目的】

（1）了解结构体的基本概念。
（2）掌握结构体类型变量的定义及使用方法。
（3）掌握结构体类型数组的定义及使用方法。
（4）掌握结构体类型指针的定义以及结构体指针作函数参数的应用。

【实验内容】

1. 调试样例

改正下面程序中的错误。用指向结构体数组的指针输出结构体数组中的元素。
有错误的源程序 error7_1.c：

```
#include <stdio.h>
struct person
    {long num;
     char name[30];
     int age;
     char sex;
     char address[200];
};
struct person per[3]={{1,"Mary",25,'F',"Beijing Chaoyang Distinct"},
                     {2,"Mike",26,'F',"Shanghai Fudan University"},
                     {3,"Tom",35,'M',"Shenzhen Sitong CO.,LTD"} };
void main()
{struct person * p;
 printf("Num\t name\t age\t sex\n");                    /* 调试时设置断点 */
 for(p=per;p<=per+3;p++)
   {printf("%ld\t %s\t %d\t %c\n",p->num,p->name,p->age,p->sex);}
                                                        /* 调试时设置断点 */
}
```

(1) 打开已经建立在 D 盘 C_PROGRAM 文件夹中的源程序 error7_1.c,对程序进行编译、连接,没有错误和警告(如图 1-7-1 所示)。运行程序,发现运行结果与题意不符(如图 1-7-2 所示)。

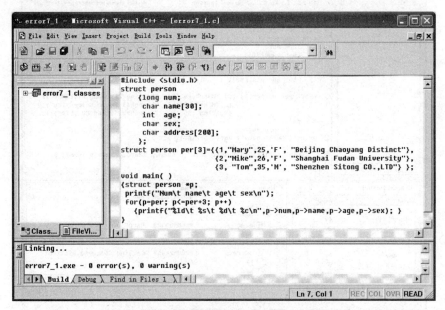

图 1-7-1　程序 error7_1.c 连接后的信息

图 1-7-2　程序 error7_1.c 运行结果

(2) 调试。按照程序的注释的位置,单击 Build MiniBar/"编译微型条"工具栏中的 ✋(Insert/Remove Breakpoint)按钮,设置断点。单击 (Go)按钮,程序运行到第一个断点位置,从观察窗口中可以观察变量的值(如图 1-7-3 所示)。

继续单击 Build MiniBar/"编译微型条"工具栏中的 (Go)按钮,通过对观察窗口和运行窗口的观察,结合程序分析可知:

错误：for(p=per; p<=per+3; p++)。

改正：for(p=per; p<per+3; p++)。

(3) 停止调试,重新对程序进行编译、连接,没有错误和警告信息。单击 !(Build Execute/"运行")按钮,运行结果与题意相符(如图 1-7-4 所示)。

2. 程序填空题

计算通讯录中联系人的平均年龄和统计年龄大于 30 岁的人数。用结构体指针变量

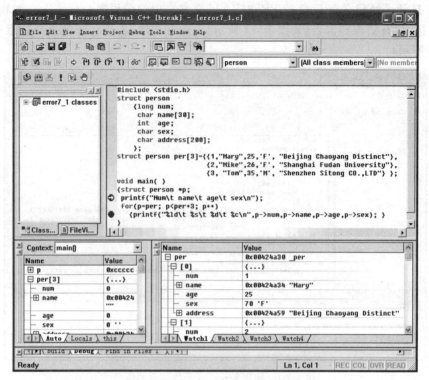

图 1-7-3　程序 error7_1.c 断点调试

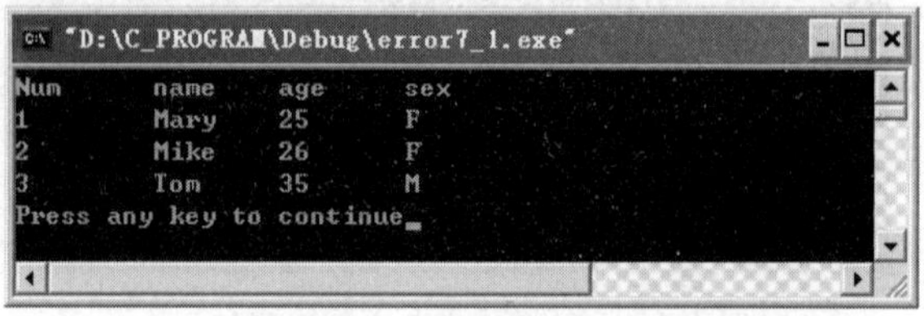

图 1-7-4　程序 error7_1.c 正确运行结果

作函数参数编程。

```
#include <stdio.h>
struct person
{   long num;
    char name[30];
    int age;
    char sex;
    char address[200];
};
struct person per[3]={{1,"Mary",23,'F',"Beijing Chaoyang Distinct"},
                {2,"Mike",26,'F',"Shanghai Fudan University"},
                {3,"Tom",37,'M',"Shenzhen Sitong CO.,LTD"}};
void main()
```

```
{   void average(struct person *p);
    average(per);
}
void average(struct person *p)
{   int count=0,avg,sum=0;
    for(p=per;p<per+3;p++)
    {   sum+=_____;
        if(p->age<30)   count+=1;
    }
    avg=sum/3;
    printf("average=%d\n persons which age less than thirty=%d\n",avg,count);
}
```

3. 程序修改题

改正下面程序中的错误。输出通讯录中联系人的平均年龄。
有错误的源程序 error7_2.c：

```
#include<stdio.h>
struct person
{   long num;
    char name[30];
    int age;
    char sex;
    char address[200];
};
struct person per[3]={{1,"Mary",25,'F',"Beijing Chaoyang Distinct"},
                     {2,"Mike",28,'F',"Shanghai Fudan University"},
                     {3,"Tom",35,'M',"Shenzhen Sitong CO.,LTD"}};
void main()
{   int i;
    int aver,sum=0;
    for(i=0;i<3;i++)
       {sum+=per.age; }
    aver=sum/3;
    printf("average=%d \n",aver);
}
```

4. 程序设计题

(1) 计算通讯录中联系人的平均年龄和统计年龄小于 30 岁的人数。用结构体指针变量作函数参数编程。

(2) 建立一个结构体数组并存放 40 名学生的学号、姓名、性别、年龄和 4 门课程的成绩,找出成绩最好的学生并输出信息。

(3) 输入40个学号、姓名、年龄、家庭住址,并存放在一个结构数组中,找出年龄最小和年龄最大的学生并输出信息。

【实验结果和分析】

(1) 将C语言源程序、运行结果写在实验报告中。

(2) 分析源程序和运行结果,并将遇到的问题和解决问题的方法写在实验报告中。

实验 8

文 件

【实验目的】

(1) 掌握文件、缓冲文件系统以及文件类型指针的基本概念。
(2) 掌握文件的使用方法以及文件生成、文件读入处理的方法。
(3) 掌握文件的打开、关闭操作和文件的读写方法以及文件的定位方法。
(4) 熟练掌握编写简单的文件应用程序。

【实验内容】

1. 调试样例

改正下面程序中的错误。把从键盘输入的字符依次输出到一个名为 filename.c 的磁盘文件中(用@作为文本结束标志),同时在屏幕上显示这些字符。

有错误的源程序 error8_1.c:

```
#include <stdio.h>
#include <stdlib.h>
void main( )
{FILE fp;
 char ch;
 if((fp=fopen("filename.txt","w"))==NULL)
   {printf("cannot open file\n");
    exit(0);
    }
 printf("请输入一串字符,按@ 结束:\n");
 while((ch=getchar())!='@ ')
  {fputc(ch,fp );
   putchar(ch);
   }
 printf("\n");
 fclose(fp);
}
```

(1) 打开已经建立在 D 盘 C_PROGRAM 文件夹中的源程序 error8_1.c,单击 Build MiniBar/"编译微型条"工具栏中的 (Compile/"编译")按钮(如图 1-8-1 所示)。

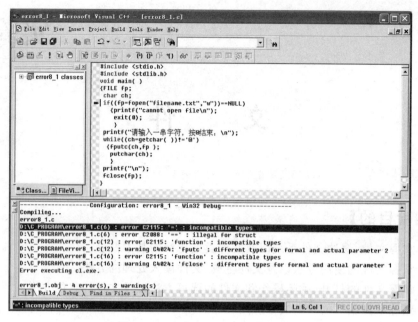

图 1-8-1　程序 error8_1.c 编译信息

(2) 程序修改。

通过对错误信息的分析,结合程序可知:

错误:"FILE fp;"。

改正:"FILE *fp;"。

(3) 重新编译程序,没有错误和警告。

(4) 连接程序,没有错误和警告(如图 1-8-2 所示)。

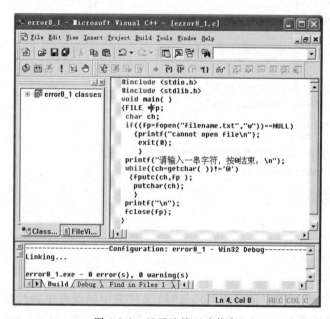

图 1-8-2　显示连接正确信息

（5）运行程序（如图 1-8-3 所示），与题意相符，正确。

图 1-8-3　程序 error8_1.c 的运行结果

（6）打开运行程序后自动建立在 D 盘 C_PROGRAM 文件夹中的文本文件 filename.txt（如图 1-8-4 所示），查看文本文件的内容（如图 1-8-5 所示）。

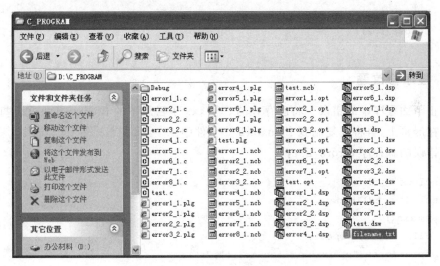

图 1-8-4　文本文件所在的位置

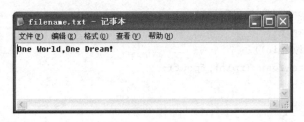

图 1-8-5　文本文件中的内容

2. 程序填空题

将 c 盘 xxx 子目录下 file.c 文件复制到 d 盘根目录下 file.c 文件中。

```
#include <stdio.h>
#include <stdlib.h>
void main()
{   FILE * fp1, * fp2;
```

```
        if((fp1=fopen("c:\\xxx\\file.c","r"))==NULL)
            {   printf("cannot open file in disk c\n");
                exit(0);
            }
        if((fp2=fopen("d:\\file.c","w"))==NULL)
            {   printf("cannot open file in disk d\n");
                exit(0);
            }
        while(!feof(fp1))
                fputc(_____,fp2);
        printf("copy success!\n");
        fclose(fp1);
        fclose(fp2);
    }
```

3. 程序修改题

改正下面程序中的错误。将已存在的 c 盘 xxx 子目录下的 filename1.c 文件打开,然后显示在屏幕上,再将其复制到 filename2.c 文件中。

有错误的源程序 error8_2.c：

```
#include <stdio.h>
#include <stdlib.h>
void main()
{   FILE * fpin, * fpout;
    fpin=fopen("c:\\xxx\\filename1.c","r");
    fpout=fopen("filename2.c"," w");
    while(!feof(fpin))
            putchar(fgetc(fpin));
    rewind(fpin);
    while(feof(fpin))
            fputc(fgetc(fpin),fpout);
    fclose(fpin);
    fclose(fpout);
}
```

4. 程序设计题

(1) 将磁盘文件中的小写字符转换成大写字符写入到另一个磁盘文件中。
(2) 在一个已存在的文本文件中统计含有英文字母的个数。

【实验结果和分析】

(1) 将 C 语言源程序、运行结果写在实验报告中。
(2) 分析源程序和运行结果,并将遇到的问题和解决问题的方法写在实验报告中。

实验 9

"指针"提高

【实验目的】

(1) 掌握指向指针的指针的定义和使用方法。
(2) 了解指向函数的指针变量的定义和使用方法。
(3) 掌握指针作为函数返回值的方法。
(4) 了解指向 void 的指针变量的定义。

【实验内容】

1. 调试样例

使用指向函数的指针变量调用函数,求两个数中较小的数。
有错误的源程序 error9_1.c:

```
#include<stdio.h>
void main()
  { float min(float x,float y);
    float(*p)(float,float);
    float a,b,small;
    p=min;                    /*使 p 指向 min 函数*/
    scanf("%f%f",&a,&b);
    small=(*p)(a,b);          /*通过指向函数的指针变量调用函数。调试时设置断点*/
    printf("a=%f,b=%f,small=%f\n",a,b,small);
  }
float min(float x,float y)
  {float temp;
   if(temp<x)temp=x;
   else temp=y;
   return temp;               /*调试时设置断点*/
}
```

(1) 打开已经建立在 D 盘 C_PROGRAM 文件夹中的源程序 error9_1.c,对程序进行编译、连接,没有错误(如图 1-9-1 所示),但运行程序发现运行结果与题意不符(如图 1-9-2

所示)。

图 1-9-1　程序 error9_1.c 连接正确

图 1-9-2　程序 error9_1.c 错误运行结果

(2) 调试。首先在程序注释的位置设置断点,单击 Build MiniBar/"编译微型条"工具栏中的 (Go)按钮,程序执行到第一个断点位置。在观察窗口和变量窗口中观察各变量的值。

单击 Debug/"调试"工具栏中的 (Step Into)按钮,程序运行进入到函数 min()中进行调试。单击 Debug/"调试"工具栏中的 (Step Over/"单步")按钮,对函数进行单步调试,通过对变量值的观察可知(如图 1-9-3 所示):

错误：if(temp＜x)。

改正：if(y＞x)。

(3) 停止调试。单击 Debug/"调试"工具栏中的 (Stop Debugging/"停止调试")按钮,停止程序调试。

(4) 再次对程序进行编译、连接,没有发现错误和警告。运行程序,运行结果符合题意,正确(如图 1-9-4 所示)。

2. 程序填空题

使用指向指针的指针的方法,将若干个代表城市名字的字符串输出。

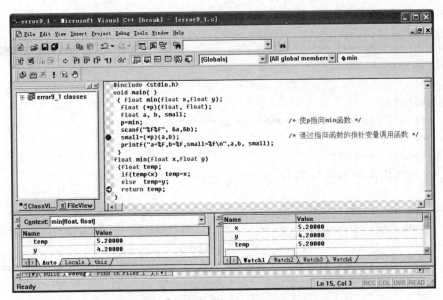

图 1-9-3　程序 error9_1.c 错误运行结果

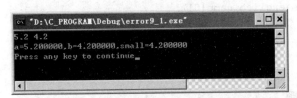

图 1-9-4　程序 error9_1.c 错误运行结果

```
#include <stdio.h>
void main()
{
    char * cities[]={"Beijing","Shanghai","Tianjin","Chongqing",
                "Shenyang","Hangzhou","Lanzhou","Xian",
                "Wulumuqi","Shuzhou" };
    char **p;
    int i;
    for(i=0;i<10;i++)
    {   p=cities+i;
        printf("%s\n",_____);
    }
}
```

3. 程序修改题

指针作为函数返回值的应用。从键盘输入一个月份号(例如 7),则程序输出对应月份的英文名字(July)。

有错误的源程序 error9_2.c：

```
#include <stdio.h>
#include <string.h>
char * month_name(int n);                    /* 英文名字月份函数的原型声明 */
void main()
{   int n;
    char * p;
    printf("please enter a number of month\n");
    scanf("%d",&n);
    p=month_name(n);
    printf("It is %s\n",* p);
}
char * month_name(int n)                     /* 英文名字月份函数的定义 */
{   static char * english_name[]={"illegal month","January","February","March",
                                  " April "," May "," June "," July "," August "," September",
                                  "October","November","December"};
    if(n<1||n>12)
        return (english_name[0]);
    else
        return (english_name[n]);
}
```

4. 程序设计题

(1) 使用指向指针的指针的方法，完成对 n 个整数(例如 10 个整数)排序后输出。要求从键盘输入 n 个整数并且把排序单独编写成函数(用冒泡法或者选择法排序)。

(2) 编写利用矩形法计算定积分 $\int_a^b f(x)\mathrm{d}x$ 的通用函数。然后利用它分别计算以下三种数学函数的定积分：

① $f(x)=x^2-5x+1$

② $f(x)=x^3+2x^2-2x+3$

③ $f(x)=x/(2+x^2)$

【实验结果和分析】

(1) 将 C 语言源程序、运行结果写在实验报告中。

(2) 分析源程序和运行结果，并将遇到的问题和解决问题的方法写在实验报告中。

实验 10

"结构体与共用体"提高

【实验目的】

(1) 了解共用体的基本概念。
(2) 掌握共用体类型变量的定义及使用方法。
(3) 掌握单向链表的定义和建立方法,并能编写单向链表的应用程序。
(4) 了解枚举类型变量的定义及应用。

【实验内容】

1. 调试样例

改正下面程序中的错误。从键盘输入数据,建立一个具有 n 个结点的单向动态链表,然后输出到显示器上。

有错误的源程序 error10_1.c:

```
#include <stdio.h>
#include <stdlib.h>
struct person                          /*链表结点结构体类型定义*/
    { int num;
      char name[30];
      struct person * next;};
struct person * createlist(int n)
    {struct person * head, * cur, * tail; /* head 为头结点;cur 为新建的结点;tail 为
                                            尾结点*/
    int i;
    for(i=0;i<n;i++)
      {cur=(struct person * ) malloc(sizeof(struct person));
                                            /*动态申请建立一个新结点*/
      if(cur==NULL)
        { printf("memory malloc failure"); exit(0); }
      printf("please input number and name:(split by,)\n");
      scanf("%d,%c",&cur->num,&cur->name);
      if(i==0)                              /*调试时设置断点*/
```

```
            tail=head=cur;                            /*第一个结点*/
        else
            tail->next=cur;                           /*建立中间结点*/
        cur->next=NULL;
        tail=cur;
        }
     return (head);                                   /*函数返回新建链表的头结点*/
}

void output_list(struct person * head)
{struct person * h;
 h=head;
 if(h==NULL)printf("the list is empty\n");
 while(h!=NULL)
    {printf("%d,%s\n",h->num,h->name);
     h=h->next;}}
void main()
{int n;
 struct person * head;                                /*链表的头结点*/
 printf("please input node numbers:\n");
 scanf("%d",&n);
 head=createlist(n);                                  /*调试时设置断点*/
 output_list(head);                                   /*调试时设置断点*/
}
```

（1）打开已经建立在 D 盘 C_PROGRAM 文件夹中的源程序 error10_1.c,对程序进行编译、连接,没有错误,但运行程序发现运行结果与题意不符(如图 1-10-1 所示)。

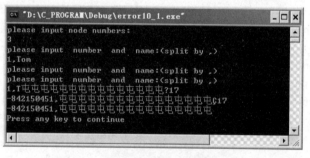

图 1-10-1 程序 error10_1.c 的运行窗口

（2）调试。首先在程序注释的位置设置断点,单击 Build MiniBar/"编译微型条"工具栏中的 (Go)按钮,程序执行到第一个断点位置。在观察窗口和变量窗口中观察各变量的值。

单击 Debug/"调试"工具栏中的 (Step Into)按钮,程序运行进入到函数 createlist()中进行调试。单击 Build MiniBar/"编译微型条"工具栏中的 (Go)按钮,在运行窗口中输入数据(如图 1-10-2 所示),通过对变量值的观察可知(如图 1-10-3 所示),程序的错误在数值的输入语句。

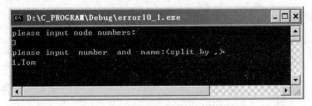

图 1-10-2 运行窗口输入数据

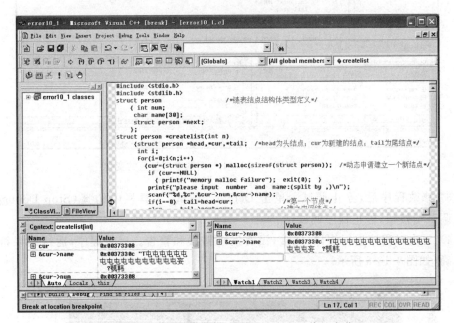

图 1-10-3 程序 error10_1.c 调试中变量值的变化

错误："scanf("%d,%c",&cur->num,&cur->name);"。

改正："scanf("%d,%s",&cur->num,cur->name);"。

单击 Debug/"调试"工具栏中的 ■(Stop Debugging/"停止调试")按钮,停止程序调试。对程序重新进行编译,正确。单击 Build MiniBar/"编译微型条"工具栏中的 (Go)按钮,在运行窗口中输入数据(如图 1-10-4 所示),通过对变量值的观察可知正确(如图 1-10-5 所示)。

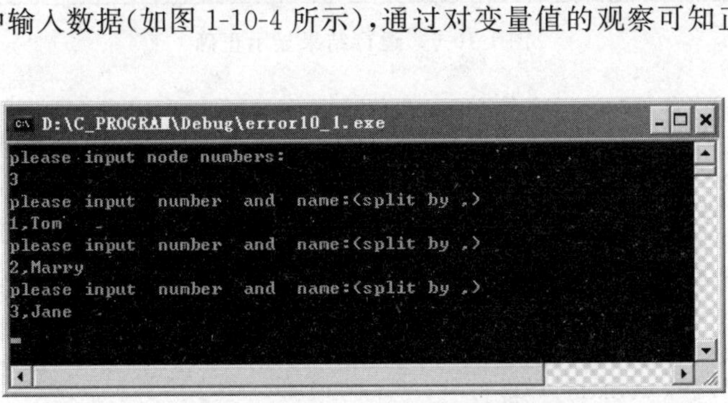

图 1-10-4 运行窗口输入数据

实验 10 "结构体与共用体"提高

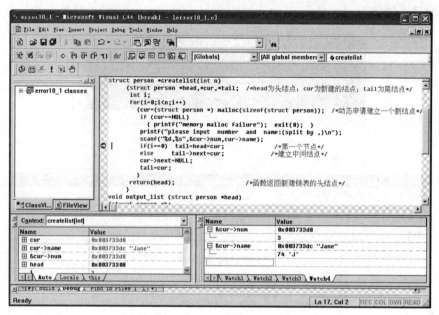

图 1-10-5　程序 error10_1.c 调试中变量值的变化

（3）修改程序后，停止调试。单击 Debug/"调试"工具栏中的 ■（Stop Debugging/"停止调试"）按钮，停止程序调试。

（4）再次对程序进行编译、连接，没有发现错误和警告。运行程序，运行结果符合题意，正确（如图 1-10-6 所示）。

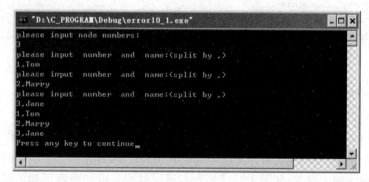

图 1-10-6　运行结果显示正确

2. 程序填空题

枚举变量的应用。

```
#include <stdio.h>
void main()
{   enum week{Sunday,Monday,Tuesday,Wednesday,Thursday,Friday,Saturday};
    _____ week weekday[7],j;
```

```
    int i;
    j=Sunday;
    for(i=0;i<7;i++)
    {   weekday[i]=j;
        j++; }
    printf("\n input number:");
    scanf("%d",&i);
    switch(weekday[i])
    {   case 0: printf(" today is Sunday"); break;
        case 1: printf(" today is Monday"); break;
        case 2: printf(" today is Tuesday"); break;
        case 3: printf(" today is Wednesday"); break;
        case 4: printf(" today is Thursday"); break;
        case 5: printf(" today is Friday"); break;
        case 6: printf(" today is Saturday"); break;
        default: break;
    }
}
```

3. 程序修改题

改正下面程序中的错误。

有错误的源程序 error10_2.c：

```
#include "stdio.h"
union stu
{   int i;
    char c[2];};
union student1;
void main()
{   student1.c[0]=0;
    student1.c[1]=1;
    printf("%d\n", student1.i);
}
```

4. 程序设计题

(1) 统计通讯录链表中结点的个数。

(2) 建立一个拥有 5 个结点并且含有头结点的单向链表,新产生的结点总是插在链表的尾部。

【实验结果和分析】

(1) 将 C 语言源程序、运行结果写在实验报告中。

(2) 分析源程序和运行结果,并将遇到的问题和解决问题的方法写在实验报告中。

实验 11

"文件"提高

【实验目的】

(1) 掌握文件中字符串输入输出的方法。
(2) 了解文件的格式化输入输出的方法。
(3) 了解文件中数据块的基本概念。
(4) 掌握使用 fread()和 fwrite()函数进行文件数据块输入输出的方法。

【实验内容】

1. 调试样例

改正下面程序中的错误。从键盘输入 5 个职员的数据，写入一个文件中，再读取这 5 个职员的数据并显示在屏幕上。

有错误的源程序 error11_1.c：

```
#include <stdio.h>
#include <stdlib.h>
struct empl{
  char name[12];
  int num;
  int age;
}employee[5];
void main()
{ FILE fp1,*fp2;
  int i;
  if((fp1=fopen("in.txt","wb"))==NULL)
    {printf("cannot open file\n");
     exit(0);}
  printf("Input data:\n");
  for(i=0;i<5;i++)                          /*将输入信息存入数组中*/
    {scanf("%s%d%d",employee[i].name,&employee[i].num,&employee[i].age);}
  fwrite(employee,sizeof(struct empl),5,fp1);   /*将数组中的信息写入文件中*/
  fclose(fp1);
```

```
  if((fp2=fopen("in.txt","rb"))==NULL)
    {printf("cannot open file\n");
     exit(0);}
  fread(employee,sizeof(struct empl),5,fp2);    /*将文件中的信息读取到数组中*/
    printf("\nname\tnumber\tage\n");
  for(i=0;i<5;i++)
    {printf("%s\t%5d\t%d\n",employee[i].name,employee[i].num,employee[i].age);}
  fclose(fp2);
}
```

(1) 打开已经建立在 D 盘 C_PROGRAM 文件夹中的源程序 error11_1.c。

(2) 编译。单击 Build MiniBar/"编译微型条"工具栏中的 (Compile/"编译")按钮，在信息窗口中会出现提示信息（如图 1-11-1 所示）。

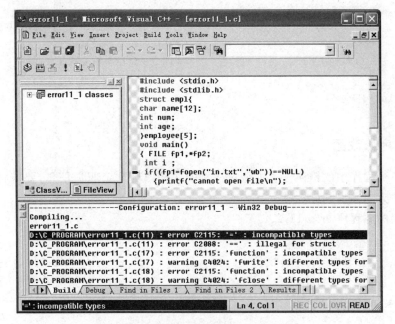

图 1-11-1　程序 error11_1.c 的编译窗口

通过观察信息窗口中的提示信息，结合程序可知：

错误："FILE fp1,*fp2;"。

改正："FILE *fp1,*fp2;"。

修改之后，重新编译，得到正确信息：

error11_1.obj - 0 error(s),0 warning(s)

(3) 连接。单击 (Build/"构建")按钮，连接正确，得到提示信息：

error11_1.exe - 0 error(s),0 warning(s)

(4) 运行程序，运行结果符合题意，正确。

2. 程序填空题

输入一个正整数 x,将其转换为二进制形式输出。

```
#include <stdio.h>
void main()
{   int x,mask,i;
    char c;
    printf("Input integer data:\n");
    scanf("%d",&x);
    printf("%d=",x);
    mask=_____;                      /*构造一个最高位为1,其余各位为0的整数*/
    for(i=1;i<=16;i++)
    {   c=x&mask?'1':'0';
        putchar(c);                     /*最高位为1则输出1,否则输出0*/
        x=x<<1;                         /*将次高位移到最高位上*/
        if(i%4==0) putchar(' ');        /*四位一组用空格分开*/
    }
    printf("Bit");
}
```

3. 程序修改题

改正下面程序中的错误。上面调试样例的文件中有 5 个职员信息,要求将 5 个职员信息按倒序方式输出到显示器上。

有错误的源程序 error11_2.c:

```
#include <stdio.h>
#include <stdlib.h>
struct empl{
    char name[12];
    int num;
    int age;
}employee;
void main()
{   FILE *fp;
    int i;
    if((fp=fopen("in.txt","rb")) ==NULL)
    {   printf("cannot open file\n");
        exit(0);
    }
    for(i=1;i<=5;i++)
    {   fseek(fp,-i*(sizeof(struct empl)),0);
                                    /*将文件指针fp从文件末尾处向文件头部移动*/
        fread(&employee,sizeof(struct empl),1,fp);
```

```
        printf("%s\t%d\t%d\n",employee.name,employee.num,employee.age);
    }
    fclose(fp);
}
```

4. 程序设计题

(1) 从键盘输入 10 个学生的数据(包括学号、姓名、性别、年龄和总成绩),写入一个文件中,再读取学生的数据并显示到显示器上。

(2) 文件中含有 10 个学生的信息(包括学号、姓名、性别、年龄和总成绩),将学生信息按正序和倒序方式显示到显示器上。

【实验结果和分析】

(1) 将 C 语言源程序、运行结果写在实验报告中。

(2) 分析源程序和运行结果,并将遇到的问题和解决问题的方法写在实验报告中。

实验 12

使用工程组织多个文件

【实验目的】

(1) 了解工程的基本概念。
(2) 掌握使用工程组织多个文件的方法。
(3) 掌握结构化程序设计的基本概念、思想。
(4) 掌握结构化程序设计的方法。

【实验内容】

1. 调试样例

先建立几个源程序文件,再建立一个工程将几个源程序文件连接起来,实现的功能是输入两个整数,利用前面编写的几个源程序文件求它们的之和、之差、之积。

先分别建立如下 4 个源程序文件:

源程序文件 1: example12_1.c

```c
#include <stdio.h>
void main()
{ extern int add(int x,int y);              /*求和函数的原型声明*/
  extern int minus(int x,int y);            /*求差函数的原型声明*/
  extern int multiply(int x,int y);         /*求积函数的原型声明*/
  int a,b,result;
  char c;
  printf("input expression: a+(-,*,/)b\n");
  scanf("%d%c%d",&a,&c,&b);
  switch(c)
    {case '+': result=add(a,b);break;
     case '-': result=minus(a,b);break;
     case '*': result=multiply(a,b);break;
     default: printf("input error\n");
    }
  printf("%d%c%d=%d ",a,c,b,result);
}
```

源程序文件 2：example12_2.c

```
extern int add(int x,int y)                    /*求和函数的定义*/
  {int z;
   z=x+y;
   return (z);}
```

源程序文件 3：example12_3.c

```
extern int minus(int x,int y)                  /*求差函数的定义*/
  {int z;
   z=x-y;
   return (z);}
```

源程序文件 4：example12_4.c

```
extern int multiply(int x,int y)               /*求积函数的定义*/
  {int z;
   z=x*y;
   return (z);}
```

在 VC++ 6.0(英文版)集成环境下，建立一个工程的基本步骤如下。

(1) 用户建立自己的文件夹。

用户自己在磁盘上建立一个文件夹，如 D:\C_PROGRAM，用于存放 C 语言程序。

(2) 启动 VC++。

单击桌面上的"开始"菜单，依次选择"程序"→Microsoft Visual Studio 6.0→Microsoft Visual C++ 6.0 选项，进入到 VC++ 集成环境。

(3) 新建工程。

选择 File/"文件"→New/"新建"菜单命令(如图 1-12-1 所示)，在弹出的界面中打开

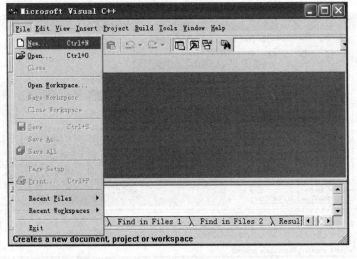

图 1-12-1　新建文件

Projects/"工程"选项卡(如图 1-12-2 所示),选中 Win32 Console Application 选项;然后在右侧 Project name/"工程名字"文本框中输入 prog1 作为工程文件名称;然后在 Location/"位置"中单击 Browse 按钮并且在出现的下拉列表框中选择用户已经建立的文件夹,如 D:\C_PROGRAM;选择 Create New Workspace/"创建新工作区",单击 OK/"确定"按钮,再选择 An empty project/"一个空的工程",再在出现的窗口中单击 OK/"确定"按钮,就可以在 D:\C_PROGRAM 文件夹下新建工程文件 prog1。

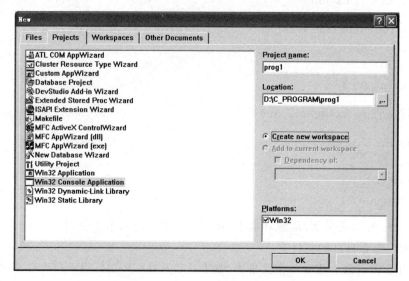

图 1-12-2　新建工程

(4) 添加源程序文件。

选择 Project/"工程"→Add To Project/"添加工程"→Files/"文件"命令(如图 1-12-3 所示),在 Insert Files into Project 对话框中,选择 example12_1.c,单击 OK 按钮,将文件添加到工程中。以同样的方法选择 example12_2.c、example12_3.c、example12_4.c 就将

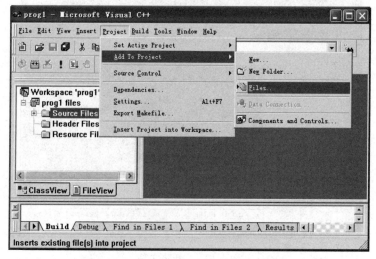

图 1-12-3　Insert Files into Project 对话框

4个源程序文件加入到工程 prog1 中(如图 1-12-4 所示)。

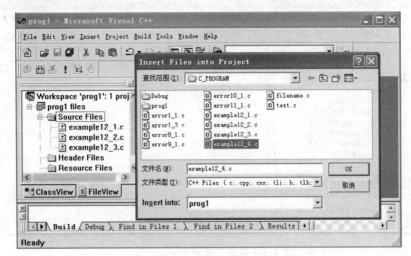

图 1-12-4　在工程中添加源程序

在左侧窗口中的下面打开 File View 选项卡,再单击 Source Files,然后双击某个源程序文件名,则在右侧窗口中显示相应的源程序(如图 1-12-5 和图 1-12-6 所示)。

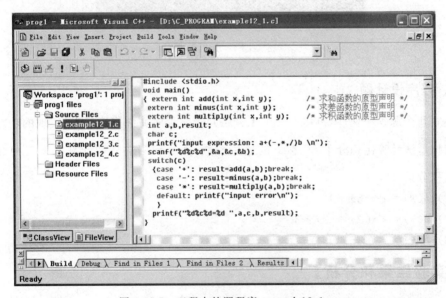

图 1-12-5　工程中的源程序 example12_1.c

(5) 进行编译、连接、运行。编译、连接过程中,没有错误和警告,运行时输入"5-6",运行窗口中显示的运行结果与题意相符(如图 1-12-7 所示),正确。

注意:在编写一个大型的程序时,常常不是把所有的函数都写在一个文件中,而是先分别将一个或几个函数分别建立在一个源程序文件中,再通过建立工程的方法将这些源程序文件组织起来。

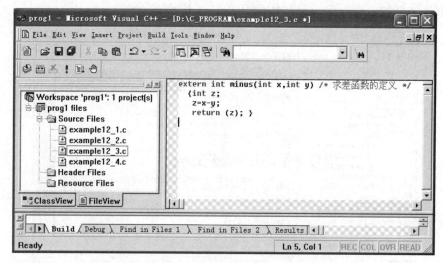

图 1-12-6 工程中的源程序 example12_3.c

图 1-12-7 运行结果

2. 程序设计题

建立几个源程序文件，再建立一个工程将几个源程序文件连接起来，实现的功能是编写利用梯形法计算定积分 $\int_a^b f(x)\mathrm{d}x$ 的通用函数，然后利用它分别计算以下三种数学函数的定积分：

(1) $f(x)=x^2-5x+1$

(2) $f(x)=x^3+2x^2-2x+3$

(3) $f(x)=x/(2+x^2)$

【实验结果和分析】

(1) 将 C 语言源程序、运行结果写在实验报告中。

(2) 分析源程序和运行结果，并将遇到的问题和解决问题的方法写在实验报告中。

第2部分

习题篇

第1章

C 程序设计概述

一、单项选择题

1. C 语言是一种计算机程序设计( )。
   A) 机器语言　　　B) 汇编语言　　　C) 高级语言　　　D) 低级语言
2. ( )是算法在计算机中的实现。
   A) 程序　　　　　　　　　　　　　　B) 数据结构
   C) 数据类型　　　　　　　　　　　　D) 数据的组织形式
3. 用计算机高级语言编写的程序,其运行方法有两种：编译执行和解释执行。在 C 语言中,下面叙述正确的是( )。
   A) C 语言程序既能编译执行又能解释执行
   B) C 语言程序只能编译执行
   C) C 语言程序只能解释执行
   D) C 语言程序既不能编译执行也不能解释执行
4. 下面叙述错误的是( )。
   A) 用 C 语言编写的函数源程序文件,它的扩展名为 c
   B) 一个 C 语言源程序经过"编译程序"翻译后生成一个文件,它的扩展名为 obj
   C) 用 C 语言编写的函数都可以作为一个源程序文件
   D) 用 C 语言编写的每个函数都可以进行独立的编译和独立的执行
5. 下面叙述错误的是( )。
   A) 为了增加程序的可读性,可在程序的任何需要的地方加上注释
   B) 注释是用来说明文件的名称、程序的功能、修改日期等
   C) 注释是给阅读源程序的人看的,计算机在编译和执行程序时会忽略这些注释
   D) 进行注释唯一的方法是把注释内容写在//的后面
6. 计算机不能直接执行由 C 语言编写的程序,它只能识别和执行由 0 和 1 的代码组成的二进制指令,这种程序设计语言被称为( )。
   A) 机器语言　　　B) 汇编语言　　　C) 高级语言　　　D) 低级语言
7. C 语言是计算机高级语言,它适合作为系统描述语言,它( )。
   A) 可以用来编写系统软件,也可以用来编写应用软件
   B) 可以用来编写系统软件,不可以用来编写应用软件

C) 不可以用来编写系统软件,可以用来编写应用软件

D) 不可以用来编写系统软件,不可以用来编写应用软件

8. 在 C 语言中,程序的基本组成单位是(　　),这样便于实现结构化程序设计。

　　A) 语句　　　　　　B) 程序段　　　　　C) 函数　　　　　D) 文件

9. 在 C 语言中,程序进行编译的单位是(　　)。

　　A) 语句　　　　　　B) 程序段　　　　　C) 函数　　　　　D) 文件

10. 在纸上写好一个 C 语言程序后,上机运行的基本步骤为(　　)。

　　A) 编辑、编译、连接、运行　　　　　B) 编辑、连接、编译、运行

　　C) 编译、编辑、连接、运行　　　　　D) 编译、连接、编辑、运行

11. 用 C 语言等高级语言编写的程序称为(　　)。

　　A) 源程序　　　　B) 目标程序　　　　C) 可执行程序　　　D) 编译程序

12. 一个 C 语言源程序经过"编译程序"翻译后生成一个二进制代码文件,它的扩展名为(　　)。

　　A) c　　　　　　B) obj　　　　　　C) exe　　　　　　D) dat

13. 通过"连接程序"软件,把 C 语言目标程序与 C 语言提供的各种库函数连接起来生成一个文件,它的扩展名为(　　)。

　　A) c　　　　　　B) obj　　　　　　C) exe　　　　　　D) dat

14. 计算机可以直接执行的程序为(　　)。

　　A) 源程序　　　　B) 目标程序　　　　C) 可执行程序　　　D) 编译程序

15. 一个 C 语言程序的执行顺序正确的是(　　)。

　　A) 从本程序的第一个函数开始,到最后一个函数结束

　　B) 从本程序的第一个函数开始,到 main()函数结束

　　C) 从本程序的 main()函数开始,到最后一个函数结束

　　D) 从本程序的 main()函数开始,一般也在 main()函数结束

16. 在一个 C 语言源程序中,main()函数的位置(　　)。

　　A) 必须在固定位置　　　　　　B) 必须在其他所有的函数之前

　　C) 可以在任意位置　　　　　　D) 必须在其他所有的函数之后

17. 一个 C 语言程序由(　　)。

　　A) 一个主函数和若干个其他函数组成

　　B) 若干个过程组成

　　C) 一个主程序和若干个子程序组成

　　D) 若干个子程序组成

18. 一个函数的组成有(　　)。

　　A) 主函数和子函数

　　B) 函数名、函数类型、函数参数名、函数参数类型

　　C) 函数的声明部分和执行部分

　　D) 函数首部和函数体

19. 下面叙述中不正确的是(　　)。

A) C语言中的每条执行语句都需要用分号结束

B) 在程序中任意合适的地方都可以加上注释以便于阅读

C) include 命令行后面需要加分号

D) C语言具有高级语言的功能,也具有低级语言的一些功能

20. 下面叙述正确的是( )。

A) 在C程序中,main 函数的位置必须在其他所有的函数之前

B) 在C程序的编译过程中可以发现注释中的拼写错误

C) C语言自身没有输入输出语句

D) C程序的每一行只能写一条语句

21. 在C语言中,用来表示"取地址"的符号是( )。

A) @ B) # C) $ D) &

22. 在C语言中,用于结构化程序设计的三种基本结构是( )。

A) 顺序结构、选择结构、转移结构　　B) 顺序结构、选择结构、循环结构

C) 顺序结构、条件结构、循环结构　　D) 顺序结构、分支结构、重复结构

23. 算法是指解决问题的具体方法和步骤。一个算法应具有"确定性"等5个特性,则对另外4个特性描述错误的是( )。

A) 有穷性　　　　　　　　　　　　B) 可行性

C) 有零个或多个输入　　　　　　　D) 有零个或多个输出

24. 程序设计一般可以简化为以下4个步骤,其中首先应该完成的是( )。

A) 建立数学模型并划分模块　　　　B) 设计数据结构和算法

C) 编写程序　　　　　　　　　　　D) 调试、运行程序并写出文档资料

25. 下面叙述中不属于结构化程序设计方法的是( )。

A) 自顶向下　　　　　　　　　　　B) 逐步求精(细化)

C) 模块化　　　　　　　　　　　　D) 不限制使用 goto 语句

二、填空题

1. 程序设计语言一般分为三大类:机器语言、汇编语言和_____。

2. 每个C语言程序中必须有且仅有一个_____函数。

3. 一个C程序总是从_____函数开始执行,而不论该函数在整个程序中的位置如何。

4. 在C语言程序中,函数体由_____括起来。

5. 每一个C程序语句和数据定义以及函数声明的最后都应该有一个_____。

6. 在C语言程序中,转义字符\n 表示_____。

7. printf()函数中常用的格式控制符号:int 型数据使用%d,表示按十进制形式输出整数;float 型数据和 double 型数据都可以使用_____,表示按小数形式输出单、双精度数,并且隐含输出6位小数。

8. 在程序中加入注释是用来说明程序的功能,从而帮助人们阅读和理解程序。在C语言程序中,一个注释可以/ * 作为开始标记,而以_____作为结束标记。

9. 用高级语言编写的程序称为源程序,它不能在计算机上直接执行。要运行源程序有两种方式:一种是通过_____程序将源程序一次翻译后产生目标程序,然后执行。另一种是通过解释程序,对源程序进行翻译一句执行一句的逐句解释方式执行。

10. C语言源程序的扩展名为 c,目标程序的扩展名为 obj,可执行程序的扩展名为_____。

11. 程序中错误的种类一般包括_____、逻辑错误和运行错误。

12. 编译系统不能发现源程序中的某些错误,如逻辑错误、运行错误以及计算公式错误等。此时程序的运行结果有错误,所以只能通过运行程序_____才能找出错误并改正。

13. 在处理比较复杂的任务时,常把复杂的任务分解为若干个子任务,每个子任务再分解为若干小子任务,每个小子任务只完成一个简单的功能,并且在程序设计时使用一个个小模块来实现这些功能,这是_____设计方法。对于每一个小任务C语言将编制一个函数来解决,优点是方便程序编写、易于修改和调试,适合多人合作,且函数代码可复用。

14. 在程序设计时,先考虑主程序的算法,再逐步完成子程序的调用,对于这些子程序再逐步完成其下一层子程序的调用,并且编写程序时使用顺序、选择、循环三种基本结构,这种采用自顶向下并逐步求精的方法对问题进行分析、模块化设计和结构化编码称为_____程序设计的方法。

15. 在C语言中没有子程序的概念,它是使用_____来完成子程序的功能。

三、判断题

1. 软件是程序、数据以及相关文档的完整集合。   (   )
2. 程序设计是指使用某种计算机语言并采用合适的方法编写程序,以便指挥计算机解决具体的问题。   (   )
3. 机器语言中的每一条指令都是用二进制形式表示的,机器语言编写的程序中的指令不可以由硬件直接执行。   (   )
4. 一个C语言程序可以由一个主函数和若干个其他函数构成。   (   )
5. 从另一个角度说,一个C程序是由一个或多个C文件组成,而一个C文件是由一个或多个函数组成。   (   )
6. 在结构化程序设计中,使用顺序结构、选择结构和循环结构等三种基本结构构成的程序只能解决简单问题。   (   )
7. 程序的注释可以是汉字或英文字符,它可出现在程序任何需要的地方,它只是给人看的,即使是内容有错误也不影响程序的编译和运行,因为程序编译时会忽略它。   (   )
8. C程序中的 main() 函数必须放在整个程序的最前面。   (   )
9. #include < stdio. h > 是编译预处理命令,不是C语句,行尾不能加分号。(   )
10. 在C语言中,模块一般是由函数实现的,一个模块对应一个函数。   (   )

四、编程题

1. 编写程序,在屏幕上显示以下信息:

```
* * * * * * * * * * *
 Hello World!
* * * * * * * * * * *
```

2. 编写程序,从键盘输入两个整数,然后输出其中较小的数。
3. 编写程序,从键盘输入三个整数,然后输出其中最小的数。

第 2 章

数据类型与表达式

一、单项选择题

1. 在 C 语言中,最基本的数据类型包括(　　)。
   A) 整型、实型、字符型　　　　　　B) 整型、字符型、逻辑型
   C) 整型、实型、逻辑型　　　　　　D) 实型、字符型、逻辑型

2. 在 C 语言中,字符是采用对应的编码来表示的,在内存中是存储它的(　　)。
   A) 原码　　　　B) 反码　　　　C) 补码　　　　D) ASCII 码

3. 在 VC++ 6.0 中,一个 char 型数据在内存中所占的字节数为 1,一个 int 型数据在内存中所占的字节数为 4,一个 float 型数据在内存中所占的字节数为 4,一个 double 型数据在内存中所占的字节数是(　　)。
   A) 2　　　　B) 4　　　　C) 8　　　　D) 16

4. 在 C 语言中,下面叙述错误的是(　　)。
   A) 常量是指在程序运行中其值不能被改变的量
   B) 可以用一个标识符来代表一个常量,称为符号常量
   C) 使用符号常量的好处是含义清楚,见名知义,另外能达到"一改全改"的效果
   D) 在程序运行中,常量的值有时也可以被改变

5. 在 C 语言中,下面定义语句正确的是(　　)。
   A) float a=3,b=3;　　　　　　B) float a=b=3;
   C) float a=3;b=3;　　　　　　D) float a=3,b=3;

6. 在 C 语言中,在内存存储字符'a'需占用一个字节,存储字符串"a"需占用(　　)。
   A) 一个字节　　B) 二个字节　　C) 三个字节　　D) 四个字节

7. 在 C 语言中,若在程序中使用到 strlen()函数,则应该在程序的开头引入文件预处理命令(　　)。
   A) #include <stdio.h>　　　　B) #include <math.h>
   C) #include <ctype.h>　　　　D) #include <string.h>

8. 键盘符号是指在键盘上有标记,并能在屏幕上以标记的原样显示的字符。下面属于键盘符号的是(　　)。
   A) \n　　　　B) \t　　　　C) \r　　　　D) \

9. 字符串"boy"在内存中所占的字节数是(　　)。

A) 3　　　　　　B) 4　　　　　　C) 5　　　　　　D) 6

10. 字符串常量"ab\n\\cde\235"包含字符的个数是(　　)。

A) 8　　　　　　B) 9　　　　　　C) 12　　　　　D) 13

11. 用户所定义的标识符只能由字母、数字和下划线组成,且下面叙述错误的是(　　)。

A) 第一个字符必须为字母或数字　　　B) 不能使用系统关键字
C) 大、小写字母代表不同的标识　　　D) 应尽量做到"见名知义"

12. 下列是用户自定义标识符的是(　　)。

A) int　　　　　B) 2x　　　　　C) #x　　　　　D) _x

13. 在 C 语言中,下列常数不能作为常量的是(　　)。

A) 2e5　　　　　B) 5.6E−3　　　C) 068　　　　　D) 0xA3

14. 下面能在定义整型变量 a、b 和 c 的同时,为它们赋予同一个初值 10 的语句为(　　)。

A) a=10,b=10,c=10;　　　　　B) int a=b=c=10;
C) int a,b,c=10;　　　　　　　D) int a=10,b=10,c=10;

15. 对于代数式 $\frac{x}{yz}$,不正确的 C 语言表达式是(　　)。

A) x/y/z　　　B) x/y*1/z　　　C) x*(1/(y*z))　　　D) x/y*z

16. 对于代数式 $\frac{\sqrt{x}}{3y}$,正确的 C 语言表达式是(　　)。

A) sqr(x)/3y
B) sqr(x)/3*y
C) sqrt(x)/(3*y)
D) sqrt(x)/3*y

17. 在 C 语言中,运算对象必须是整型的运算符是(　　)。

A) %　　　　　B) >=　　　　　C) &&　　　　　D) =

18. 下面表达式与 x=y++等价的是(　　)。

A) x=y,y=y+1　　　　　　B) x=x+1,y=x
C) x=++y　　　　　　　　D) x+=y+1

19. 若定义"int x=17;",则表达式 x++ * 1/6 的值是(　　)。

A) 1　　　　　B) 2　　　　　C) 3　　　　　D) 4

20. 如果在一个 C 语言表达式中有多个运算符,则运算时应该(　　)。

A) 只考虑优先级　　　　　　　B) 只考虑结合性
C) 先考虑优先级,然后考虑结合性　　D) 先考虑结合性,然后考虑优先级

21. 在 C 程序中,下面叙述不正确的是(　　)。

A) x 和 X 是两个不同的变量
B) 逗号运算符的优先级最低
C) 从键盘输入数据时,对于整型变量只能输入整型数据,对于实型变量只能输入实型数据
D) 若 x、y 类型相同,则执行语句"y=x;"后,将把 x 的值放入中 y,而 x 的值

不变

22. 若定义"int x,a,b,c,d;",则表达式 x=(a=10,b=20,c=50,d=60)执行后,x 的值为( )。

  A) 10   B) 20   C) 50   D) 60

23. 已知字符 A 的 ASCII 值为 65,若定义"int i;",则执行语句"i='A'+3.5;"后,正确的叙述是( )。

  A) i 的值是字符 A 的 ASCII 值加上 3.5,即 68.5
  B) i 的值是字符 A 的 ASCII 值加上 3,即 68
  C) i 的值是字符 E
  D) 语句不合法

24. 不同类型的数据在一起运算时需要转换为相同的数据类型。转换的方式为( )。

  A) 只有自动转换   B) 只有强制转换
  C) 既有自动转换,又有强制转换   D) 任意形式转换

25. 下面程序的输出结果是( )。

```
#include <stdio.h>
main()
{int a,b;
 float x,y;
 x=12.34;
 y=56.78;
 a=(int)(x+y);
 b=(int)x+(int)y;
 printf("a=%d,b=%d",a,b);
}
```

  A) 69,68   B) 69,69   C) a=69,b=68   D) a=69,b=69

二、填空题

1. 在 C 程序中,使用关键字 int 定义整型变量,使用关键字 char 定义字符型变量,使用关键字 float 定义单精度实型变量,使用关键字_____定义双精度实型变量。

2. 在 C 语言中,用户所定义的标识符只能由字母、数字和下划线组成,且第一个字符必须为字母或下划线。并且用户所定义的标识符不能使用系统关键字,其中的大写字母、小写字母代表_____的意义。

3. 在 C 语言中,可以用一个标识符来代表一个常量,被称为_____。使用它可以"见名知义",做到"一改全改",不需要在程序中作多处修改,避免因疏忽而漏改的现象。

4. 在 C 程序中,每定义一个变量就代表在内存中开辟一个_____;因此对变量进行的操作实质上就是对它进行操作。

5. 变量必须先定义,然后才能使用。定义变量时要确定变量名字,同时说明其

_____,以便系统在编译时为其分配相应大小的存储单元。

6. 十进制整常数没有前缀,其数码为0～9。八进制整常数必须以_____开头,即作为八进制数的前缀,数码取值为0～7。十六进制整常数的前缀为0X或0x,其数码取值为0～9、A～F或a～f。

7. C语言中有一些特殊的控制字符无法写出。因此为它们规定了特殊写法,这种以反斜杠\开头的一个字符或一个数字序列,称为_____,它的作用就是表明反斜杠后面的字符不取原来意义。例如,"\n"表示换行。

8. 赋值表达式的作用是将赋值运算符右边的表达式的值赋给左边的_____。

9. 若定义"int a=6,b=7;",则执行语句"printf("%d","%d",(a,b),(b,a));"的输出为_____。

10. 若有定义语句:"int a=5;",则执行语句"a+=a-=a*a;"后,变量a的数值为_____。

11. 下面程序的输出结果是_____。

```
#include <stdio.h>
main()
{int a=3, b=5, c=1;
 a*=6+(b++)-(++c);
 printf("%d", a);
}
```

12. 下面程序的输出结果是_____。

```
#include <stdio.h>
main()
{int x,y,z;
 x=6,y=7;
 printf("%d\n",z=(--x)*(y++));
}
```

13. 下面程序的输出结果是_____。

```
#include <stdio.h>
main()
{int x=19,y=27;
 printf("%d",y/=(x%=7));
}
```

14. 进行下列变量定义后,表达式a+b-c*d的类型是_____。

```
int a;
float b;
double c;
char d;
```

15. 下面程序的输出结果是_____。

```
#include <stdio.h>
main()
{int x=052;
 printf ("%d\n",++x);
}
```

16. 下面程序的输出结果是_____。

```
#include <stdio.h>
main()
{int x=0123;
printf("%x\n",x); }
```

17. 下面程序的输出结果是_____。

```
#include <stdio.h>
main()
{int a,b,c;
 a=12;
 b=012;
 c=0x12;
 printf("%d,%d,%d\n",a,b,c);}
```

18. 下面程序的输出结果是 _____。

```
#include <stdio.h>
main()
{short int a,b;
 a=32767;
 b=a+1;
 printf("%d\n",b);
}
```

19. 下面程序的输出结果是_____。

```
#include <stdio.h>
main()
{int i,x,y;
 i=1;
 x=i++;
 y=++i;
 printf("%d,%d,",x,y);
 x=i--;
 y=--i;
 printf("%d,%d",x,y);
}
```

20. 下面程序的输出结果是_____。

```c
#include <stdio.h>
main()
{int i=2;
 printf("%d,",(i++)+(i++));
 i=2;
 printf("%d",++i+(++i));}
```

三、判断题

1. 基本数据类型最主要的特点是不可以再分解为其他数据类型。　　　　(　　)

2. 在 C 语言中，八进制、十进制和十六进制只是整型数的不同书写形式，提供多种写法是为了编程方便，使人可以根据需要选择适用的书写方式。　　　　(　　)

3. 在 C 语言中，字符型常量可以用单引号或双引号括起来。　　　　(　　)

4. 在 C 语言中，字符型常量只能包含一个字符。　　　　(　　)

5. 字符串常量是用双引号括起的一串字符，系统自动加入'\0'作为结束标志。(　　)

6. 在 C 语言中，用户所定义的标识符不允许使用关键字。　　　　(　　)

7. 在 C 语言中，符号常量的值在程序运行过程中可以改变。　　　　(　　)

8. 整型的变量只能存放整型数，实型的变量只能存放实型数，不能使用整型的变量存放实数，也不能使用实型的变量存放整数。　　　　(　　)

9. 求余运算符%要求参与运算的对象均为整型。　　　　(　　)

10. 设 C 语言的 float 型是 7 位有效数字，则超过 7 位数的运算是不准确的。(　　)

四、编程题

1. 编写程序，从键盘输入两个整数，输出它们的和、差、积、商、余数以及平均值。

2. 编写程序，从键盘输入三个双精度数 a、b、c，计算总和、平均值、$x=a^2+b^2+c^2$ 的值，并计算 x 平方根的值。所有运行数据保留三位小数，第四位四舍五入。

3. 编写程序，从键盘输入两个长整型数，输出它们(整数除的)的商和余数。

4. 编写程序，从键盘输入两个整数，输出它们(实数除)的商，并输出商的第二位小数位(例如：15/8.0=1.875，1.875 的第二位小数位是 7)。

5. 编写程序，要求用赋初值的方法使 $c1$、$c2$ 等两个变量的值分别为 97 和 98，然后分别按整型和字符型输出。

6. 编写程序，输入秒数转换用小时、分钟、秒表示。如输入 7278 秒，则输出 2 小时 1 分 18 秒。

7. 编写程序，输入两个复数的实部和虚部，输出这两个复数积的实部和虚部。两复数的积按下面的公式计算：$(a+bi)(c+di)=(ac-bd)+(ad+bc)i$。

第 3 章

顺 序 结 构

一、单项选择题

1. 格式输出函数 printf()的功能是按用户要求的格式,把指定的数据输出到显示器屏幕上。格式输入函数 scanf 函数是按用户指定的格式从键盘上把数据输入到指定的变量中。它们的函数原型都在头文件(　　)。

　　A) stdio.h　　　　B) math.h　　　　C) ctype.h　　　　D) string.h

2. 常用的库函数有以下几种:绝对值函数 fabs(x)、平方根函数 sqrt(x)、幂函数 pow(x,n)、指数函数 exp(x)、以 e 为底的对数函数 lg(x)。它们的函数原型都在头文件(　　)。

　　A) stdio.h　　　　B) math.h　　　　C) stdlib.h　　　　D) process.h

3. 如果使用字符函数和字符串函数,要包含头文件(　　)。

　　A) stdio.h 和 math.h　　　　　　B) math.h 和 ctype.h
　　C) ctype.h 和 string.h　　　　　　D) string.h 和 stdlib.h

4. 若有变量定义:int x; float y; double z;,从键盘依次输入数据给 x、y 和 z,下列输入形式正确的输入语句是(　　)。

　　A) scanf("%f %f %lf ", &x,&y,&z);
　　B) scanf("%d %d%lf ", &x,&y,&z);
　　C) scanf("%d %f %f ", &x,&y,&z);
　　D) scanf("%d %f %lf ",&x,&y,&z);

5. 若有变量定义:int x; float y; double z;,从键盘依次输入数据给 x、y 和 z,下列输入形式正确的输入语句是(　　)。

　　A) scanf("%f %f %le ", &x,&y,&z);
　　B) scanf("%d %d%le ", &x,&y,&z);
　　C) scanf("%d %f %e ", &x,&y,&z);
　　D) scanf("%d %f %le ",&x,&y,&z);

6. 若有变量定义:int x, y, z;,从键盘输入数据"1,2,3",分别对应给 x 输入 1,给 y 输入 2,给 z 输入 3,下列输入形式正确的输入语句是(　　)。

　　A) scanf("%d%d%d",&x,&y,&z);
　　B) scanf("%d,%d,%d",&x,&y,&z);

C) scanf("%d %d %d",&x,&y,&z);
D) scanf("x=%d,y=%d,z=%d",&x,&y,&z);

7. 若变量 x、y 被定义为字符型,通过语句 scanf("x=%c,y=%c",&x,&y);给 x 输入'A',给 y 输入'b',下列输入形式正确的是(　　)。

 A) 'A''B' B) AB C) 'A','B' D) x=A,y=B

8. 若变量 x、y、z 被定义为 float 型,通过语句 scanf("%f %f %f",&x,&y,&z);给 x 输入 15.0,给 y 输入 25.0,给 z 输入 35.0,下列输入形式不正确的是(　　)。

 A) 15 B) 15 C) 15.0　25.0 D) 15.0,25.0,35.0
  25   25　35   35.0
  35

9. 若变量 x、y 被定义为 float 型,通过语句 scanf("x=%f,y=%f",&x,&y);给 x 输入 1.23,给 y 输入 1.26,下列输入形式正确的是(　　)。

 A) 1.23,1.26   B) 1.23 1.26
 C) x=1.23,y=1.26 D) x=1.23 y=1.26

10. 若变量 a、b、c 被定义为 int 型,从键盘给它们输入数据,正确的输入语句是(　　)。

 A) scanf("%d%d%d",a,b,c); B) scanf("%d%d%d",&a,&b,&c);
 C) input a,b,c;   D) scanf("%d%d%d",&a;&b;&c);

11. 若定义 float a;,要从键盘给 a 输入数据,其整数位为 3 位,小数位为 2 位,则选用(　　)。

 A) scanf("%f",&a); B) scanf("%6.2f",a);
 C) scanf("%f",a);   D) scanf("%6.2f",&a);

12. 有以下程序。则下面叙述中正确的是(　　)。

```
#include <stdio.h>
void main()
{char c1='D',c2='d';
 printf("%c\n",(c1,c2));
}
```

 A) 缺少一个格式说明符,编译出错

 B) 程序运行时产生出错信息

 C) 程序输出大写字母 D

 D) 程序输出小写字母 d

13. 下面程序输出的结果是(　　)。

```
#include <stdio.h>
void main()
{int x=2,y=3;
 printf("%d\n",--x+y,--y+x);
}
```

 A) 2 B) 3 C) 4 D) 5

14. 若变量 x、y 被定义为 int 型,并且 x 数值为 1,y 数值为 2,若要求按照下列格式输出,下列形式正确的输出语句是(   )。

x=1
y=2

  A) printf("%d,%d",x,y);   B) printf("x=%d,y=%d",x,y);
  C) printf("%d\n%d",x,y);   D) printf("x=%d\ny=%d",x,y);

15. 下面程序输出的结果是(   )。

```
#include<stdio.h>
void main()
{int a=65,b=66;
 printf("%d,%d\n",a,b);
 printf("%c  %c\n",a,b);
 printf("a=%d,b=%d\n",a,b);
 printf("a=%%%d,b=%%%d",a,b);
}
```

  A) 6566   B) 65,66   C) 65,66   D) 65,66
   A B   AB   A B   A B
   a=65,b=66 a=65,b=66 65,66   a=65,b=66
   a=%65,b=%66 a=%65,b=66 a=%65,b=%66 a=%65,b=%66

16. 假设从键盘给输入数据 6 和 9,下面程序输出的结果是(   )。

```
#include<stdio.h>
void main()
{int x,y,temp;
 printf("Input x,y\n");
 scanf("%d,%d",&x,&y);
 temp=x;
 x=y;
 y=temp;
 printf("x=%d,y=%d\n",x,y); }
```

  A) 6 ,9   B) x=6 ,y=9 C) 9 ,6   D) x=9 ,y=6

17. 下面程序输出的结果是(   )。

```
#include<stdio.h>
void main()
{int x=10;
 printf("%d,%o,%x\n",x,x,x);
}
```

  A) 10,12,a B) 10,10,10 C) 12,12,12 D) a,a,a

18. 下面程序输出的结果是(   )。

```
#include <stdio.h>
void main()
{int x=-1;
 printf("%d,%o,%x\n",x,x,x);
}
```

  A) −1,−1,−1   B) −1,37777777777,ffff
  C) −1,177777,ffff   D) −1,37777777777,ffffffff

19. 已知华氏温度与摄氏温度的转换公式为：C=(5/9)(F−32),下面不正确的是（ ）。

```
#include <stdio.h>
void main()
{float h,c;
 printf("输入华氏温度:");
 scanf("%f",&h);
 c=_____ * (h-32.0);
 printf("对应的摄氏温度:%.2f\n",c);
}
```

  A) 5.0/9   B) 5/9.0   C) 5.0/9.0   D) 5/9

20. 从键盘输入一个实数，输出它的绝对值。下面正确的是（ ）。

```
#include <stdio.h>
#include <math.h>
void main()
{ float x,s;
  printf("Input a number:");
  scanf("%f",&x);
  s= _____;
  printf("%.2f\n",s);}
```

  A) |x| B) fabs(x)   C) −x   D) (−1)*x

21. 下面程序输出的结果是（ ）。

```
#include <stdio.h>
void main()
{ int x=7,y=2,z;
  z=x/y;
  printf("%d\n",z);
}
```

  A) 1   B) 2   C) 3   D) 3.5

22. 下面程序输出的结果是（ ）。

```
#include <stdio.h>
void main()
```

```
{ int x=2,y=1;
  x+=y;
  y=x-y;
  x*=y;
  y=x/y;
  printf("%d,%d\n",x,y);
}
```

  A) 3,3   B) 3,6   C) 6,3   D) 6,6

23. 下面程序的输出结果是( )。

```
#include <stdio.h>
void main()
{ char ch1,ch2;
  ch1='A'+'5'-'2';
  ch2='A'+'5'-'2';
  printf("%d,%c\n",ch1,ch2);
}
```

  A) 68,68   B) 68,D   C) D,68   D) D,D

24. 下面程序的功能是求( )。

```
#include <stdio.h>
#include <math.h>
void main()
{ int x;
  double y=0;
  printf("Input a number:");
  scanf("%d",&x);
  y=sqrt(log(x));
  printf("%.2f\n",y);
}
```

  A) $1/2(\log10(x))$ B) $(\log10(x))^{0.5}$

  C) $1/2(\ln(x))$ D) $(\ln(x))^{0.5}$

25. 在C语言中,下面叙述错误的是( )。

  A) 由赋值表达式加上分号就称为赋值语句

  B) 由函数名、实际参数加上分号就称为函数调用语句

  C) 把多个语句用{}括起来就称为复合语句,它在语法上被看作是一条语句

  D) 只用";"组成的语句称为空语句,空语句出现在任何位置都不会影响程序的运行

二、填空题

1. 格式字符串是以_____开头的字符串,在它后面跟有各种格式字符,以说明输

出数据的类型、形式、长度、小数位数等。

2. _____函数称为格式输入函数,即按用户指定的格式从键盘上把数据输入到指定的变量之中。

3. 在 C 语言中,_____函数的功能是从终端输入一个字符。

4. 在函数 printf()中,％d 表示按照十进制整数形式输出,％6.2f 表示按照_____形式输出,输出的数据长度为 6 位,有 2 位小数。

5. 下面程序的输出结果是 19.00。

```
#include <stdio.h>
void main()
{int a=9,b=3;
 float x= _____,y=1.1,z;
 z=a/2+b*x/y+1/3;
 printf("%5.2f \n",z);
}
```

6. 下面程序输出的结果是 Z。

```
#include <stdio.h>
void main()
{char c='A';
 printf("%c",_____);
}
```

7. 如果从键盘输入 1,2,65,97<Enter>,则下面程序输出的结果是_____。

```
#include <stdio.h>
void main()
{char a,b,c,d;
 scanf("%c,%c,%d,%d",&a,&b,&c,&d);
 printf("%c,%c,%c,%c\n",a,b,c,d);}
```

8. 字母 A 的 ASCII 值为 65,若从键盘输入 C34<Enter>,则下面程序输出的结果是_____。

```
#include <stdio.h>
main()
{ char x,y;
  x=getchar();
  scanf("%d",&y);
  x=x-'A'+'0';
  y=y*2;
  printf("%c%c\n",x,y);}
```

9. 下面程序输出的结果是_____。

```
#include <stdio.h>
```

```
void main()
{int a=65,b=66;
 printf("a=%%%d,b=%%%d",a,b);
}
```

10. 求正方体的体积和表面积。

```
#include <stdio.h>
#include <math.h>
void main()
{float a,v,s;
 scanf("%f",&a);
 v=_____(a,3);
 s=6*a*a;
 printf("v=%.2f,s=%.2f\n",v,s);
}
```

三、判断题

1. 在使用 C 语言库函数时,要用预编译命令 #include 将有关"头文件"包括到源文件中。 （　　）
2. 复合语句是把多条语句用括号{ }括起来组成的一条语句。复合语句内的各条语句都必须以分号(;)结尾,并且在括号}外也必须加分号。 （　　）
3. 在变量说明中,允许连续给多个变量赋初值。 （　　）
4. 在 scanf 函数中要求给出变量地址,如果只给出变量名则会出错。 （　　）
5. printf 函数格式字符串中%4d 表示输出一定是四位十进制整数。 （　　）
6. putchar 函数的功能是在显示器上输出一个字符。 （　　）
7. 在 scanf 函数的格式串中,如果是"%d%d%d",在输入三个十进制整数时要用一个以上的空格键、Enter 键和 Tab 键作为每两个输入数之间的间隔。 （　　）
8. 在 scanf 函数的格式串中,如果是"%c%c%c",在输入三个字符时要用一个以上的空格键、Enter 键、Tab 键和逗号作为每两个输入字符之间的间隔。 （　　）
9. scanf 函数有精度控制,"scanf("%5.2f",&a);"是合法的,目的是输入小数为两位的实数。 （　　）
10. 在 printf 函数中,%c 表示按照字符形式输出一个字符。 （　　）

四、改错题

1. 下面程序的功能是从键盘上输入两个整数,计算并显示这两个整数之和。

```
#include <stdio.h>
void main()
{ int x,y;
 scanf("%d,%d",&x,&y);
 z=x+y;
```

```
    printf ("z=%d\n",z);
}
```

错误语句：

正确语句：

2. 下面程序的功能是从键盘上输入两个整数，计算并显示这两个整数之和的平方根。

```
#include <stdio.h>
#include <string.h>
void main()
{int x,y;
 float result;
 scanf("%d,%d",&x,&y);
 result=sqrt(x+y);
 printf("result=%f\n",result);
}
```

错误语句：

正确语句：

五、编程题

1. 编写程序，已知一个学生的"高等数学"、"计算机"和"外语"课程的成绩分别为70分、80分、90分，要求输出该学生3门课程的平均分。

2. 编写程序，从键盘输入一个华氏温度，要求输出对应的摄氏温度。输出时要有文字说明，取小数点后2位。计算公式如下：

$$C=5/9(F-32)$$

其中 C 表示摄氏温度，F 表示华氏温度。

3. 编写程序，从键盘输入一个圆的半径，要求输出圆的面积。输出时要有文字说明，取小数点后2位。

第 4 章

选 择 结 构

一、单项选择题

1. 若逻辑运算的求值规则为：参与运算的两个量都为真时，结果才为真。该运算是（　　）。
   A）逻辑非运算　　　　　　　　　　B）逻辑与运算
   C）逻辑或运算　　　　　　　　　　D）逻辑加运算

2. 根据 C 语言中运算符的优先级，下面的运算次序总体上正确的是（　　）。
   A）逻辑运算、算术运算、关系运算　　B）关系运算、逻辑运算、算术运算
   C）算术运算、关系运算、逻辑运算　　D）算术运算、逻辑运算、关系运算

3. 根据 C 语言中运算符的优先级，下面运算符中优先级最高的是（　　）。
   A）%　　　　　B）>=　　　　　C）||　　　　　D）=

4. 在 C 语言中，假设变量 x 为 int 类型，下面与逻辑表达式 !x 功能等价的关系表达式是（　　）。
   A）x!=0　　　　B）x==0　　　　C）x!=1　　　　D）x==1

5. 根据 C 语言中运算符的优先级，逻辑运算中"与、或、非"的运算先后次序为（　　）。
   A）!、||、&&　　B）!、&&、||　　C）&&、||、!　　D）&&、!、||

6. 在 C 语言中，为了表示数学关系 x≤y≤z，应使用 C 语言表达式（　　）。
   A）(x<=y<=z)　　　　　　　　　　B）(x<=y)&(y<=z)
   C）(x<=y)and(y<=z)　　　　　　　D）(x<=y)&&(y<=z)

7. 在 C 语言中，为了表示数学关系 x≤−10 或 x≥7，应使用 C 语言表达式（　　）。
   A）(x<=−10)&&(x>=7)　　　　　　B）(x<=−10)|(x>=7)
   C）(x<=−10)or(x>=7)　　　　　　D）(x<=−10)||(x>=7)

8. 在 C 语言中，假设 x 为整型变量，不能表示数学关系 6<x<10 的 C 语言表达式是（　　）。
   A）6<x<10　　　　　　　　　　　　B）x==7||x==8||x==9
   C）!(x<=6)&&!(x>=10)　　　　　　D）(x>6)&&(x<10)

9. 若定义变量 x 为 char 类型，为了判断 x 是否为大写字母，应使用 C 语言表达式（　　）。
   A）('A'<=x<='Z')　　　　　　　　　B）(x>='A')||(x<='Z')

C) ('A'<=x)and(x<='Z')   D) (x>='A')&&(x<='Z')

10. 若定义变量 x、y、a、b、c、d 均为 int 类型,并且 x=1、y=0、a=3、b=4、c=2、d=1。则经过逻辑表达式(x=a>b)&&(y=c>d)运算后,x 和 y 的值分别是(   )。
    A) 0,0   B) 0,1   C) 1,0   D) 1,1

11. 若定义变量 x、y、a、b、c、d 均为 int 类型,并且 x=0、y=0、a=1、b=1、c=2、d=2。则经过逻辑表达式(x=a==b)||(y=c==d)运算后,x 和 y 的值分别是(   )。
    A) 0,0   B) 0,1   C) 1,0   D) 1,1

12. 若有 a=1,b=0,c=2,d=3,则条件表达式 a<b? a:c<d? c:d 的值是(   )。
    A) 0   B) 1   C) 2   D) 3

13. 在使用嵌套的 if 语句时会出现多个 if 和多个 else 重叠的情况。为了避免二义性,C 语言规定 else 总是(   )。
    A) 与前面的第一个 if 配对
    B) 与前面最近的 if 配对
    C) 与前面最近的且不带 else 的 if 配对
    D) 与前面具有相同缩进位置的 if 配对

14. 下面程序输出的结果是(   )。

```
#include <stdio.h>
void main()
{int a,b,c,d;
 a=!0;
 b=!1;
 c=0&&2;
 d=0||3;
 printf("%d,%d,%d,%d\n",a,b,c,d);
}
```
    A) 1,0,0,0   B) 1,0,0,1   C) 1,0,1,0   D) 1,0,1,1

15. 下面程序输出的结果是(   )。

```
#include <stdio.h>
void main()
{int a=1,b=23,c=0,x;
 x=!a&&!b||!c;
 printf("%d",x);
}
```
    A) -1   B) 0   C) 1   D) 2

16. 下面程序输出的结果是(   )。

```
#include <stdio.h>
void main()
{int a=0,b=0,c=0;
```

```
    if(a &&++b)
        c++;
    printf("%d,%d\n",b,c);
}
```

  A) 0,0　　　　　　B) 0,1　　　　　　C) 1,0　　　　　　D) 1,1

17. 如果从键盘输入数据 23,下面程序输出的结果是(　　)。

```
#include <stdio.h>
void main()
{ int x;
  scanf("%d",&x);
  if(x>10)printf("%d",x);
  if(x>20)printf("%d",x);
  if(x>30)printf("%d",x);}
```

  A) 23　　　　　　B) 2323　　　　　　C) 232323　　　　　　D) 以上都不对

18. 下面程序输出的结果是(　　)。

```
#include <stdio.h>
void main()
{int a=15,b=10,c=20,d;
 d=a>12?b:c;
 switch(d)
   {case 5: printf("%d,",a);
    case 10: printf("%d,",b);
    case 20: printf("%d,",c);
    default: printf("#\n");}
}
```

  A) 15,10,20,#　　B) 10,20,#　　C) 10,20　　D) 10

19. 下面程序输出的结果是(　　)。

```
#include <stdio.h>
void main()
{int x=2,y=3,c=1;
 switch(c)
   {case 0:x++;
    case 1:x++;y++;
    case 2:y++;}
 printf("x=%d,y=%d\n",x,y); }
```

  A) x=3,y=4　　B) x=3,y=5　　C) x=4,y=4　　D) x=4,y=5

20. 下面程序输出的结果是(　　)。

```
#include <stdio.h>
void main()
```

```
{int a=0,b=1,x=1,y=1;
 switch(a)
   { case 0:
        switch(b)
           {case 1: x++; break;
            case 2: y++; break;
           }
     case 1: x++; y++; break;
   }
 printf("x=%d,y=%d\n",x,y);
}
```

  A) x=2,y=1 B) x=2,y=2 C) x=3,y=1 D) x=3,y=2

21. 下面程序输出的结果是( )。

```
#include <stdio.h>
void main()
{ int a=7,b=6,c=5, d,e;
  d=a>b;
  e=a>b>c;
  printf("%d,%d\n",d,e);
}
```

  A) 0,0 B) 0,1 C) 1,0 D) 1,1

22. 下面程序输出的结果是( )。

```
#include <stdio.h>
void main()
{ int a=6,b=5,c=7,d;
  printf("%d\n",d=a>b? (a>c?a:c):(b));
}
```

  A) 5 B) 6 C) 7 D) 8

23. 下面程序输出的结果是( )。

```
#include <stdio.h>
void main()
{ int x=12,y=16,z=11;
  int temp,result;
  temp=x<y?x:y;
  result=temp<z?temp:z;
  printf("%d\n", result);
}
```

  A) 11 B) 12 C) 16 D) 19

24. 将输入的百分制分数转换为相应的等级并输出,100~90 分则为 excellent;89~

80 分则为 good;79～70 分则为 general;69～60 分则为 pass;小于 60 分为 fail。下面选择正确的是(　　)。

```
#include <stdio.h>
#include <math.h>
void main()
{ float score;
  scanf("%f",&score);
  if(score<0||score>100)
  { printf("input data error");
    return; }
  switch(_____)
  { case 0:
    case 1:
    case 2:
    case 3:
    case 4:
    case 5: printf("fail");break;
    case 6: printf("pass");break;
    case 7: printf("general");break;
    case 8: printf("good"); break;
    case 9:
    case 10: printf("excellent"); break;}
}
```

  A) (int)score/10   B) (float)score/10
  C) (double)score/10   D) (char)score/10

25. 输入一个字符,判断它是数字字符、英文大写字母或小写字母,还是其他字符。下面选择正确的是(　　)。

```
#include <stdio.h>
void main()
{ char c;
  printf("Input a character: ");
  c=getchar();
  if(c>='0'&&c<='9')
     printf("This is a digit\n");
  else if( c>='a'&&c<='z')
     printf("This is a English lower letter\n");
  else if(c>='A'&&c<='Z')
     printf("This is a English upper letter\n");
  _____
     printf("This is an other character\n");
}
```

A) if   B) else if   C) else   D) if else

二、填空题

1. _____运算的求值规则如下：参与运算的两个量只要有一个为真，结果就为真。

2. C 编译在给出逻辑运算值时，是以 0 代表"假"，以 1 代表"真"。但在判断一个量是为"假"还是为"真"时，是以 0 代表"假"，以_____代表"真"。

3. 在 C 语言中，如果要表示 $x<-5$ 或者 $5<x<50$ 的表达式为_____。

4. 条件运算符的结合方向是_____。

5. 若有定义 char ch='E';，则表达式 ch=(ch>='A'&&ch<='Z')?ch+32:ch 的值为_____。

6. 在使用 switch 语句时，各个 case 子句和 default 子句的_____可以变动，而不会影响程序执行结果。

7. 在 C 语言中，如果要实现多分支结构，可以使用 if-else if 语句和 switch 语句，另外，还可以使用_____。

8. 下列程序的功能是把从键盘输入的整数取绝对值后输出。

```
#include <stdio.h>
void main()
{int x;
 scanf("%d",&x);
 if(x<0)_____;
 printf("%d\n",x);}
```

9. 下面程序的输出结果是_____。

```
#include <stdio.h>
void main()
{int a=2,b=5,c=7;
 a=a>b?a:b;
 a=a>c?a:c;
 printf("%d ",a); }
```

10. 下面程序的输出结果是_____。

```
#include <stdio.h>
void main()
{int x=1, y=1;
 switch(x)
   {case 1: switch(y)
            {case 0: printf("###"); break;
             case 1: printf("$$$"); break;
            }
        break;
    case 2: printf("@@@");
```

        }
    }

11. 如果从键盘输入数据5,下面程序输出的结果是_____。

```
#include <stdio.h>
void main()
{float x,y;
 scanf("%f",&x);
 if(x<0)         y=-1;
 else if(x<20)   y=1.0/20;
 else            y=1;
 printf("%f",y); }
```

12. 求函数值。当 $x<0$ 时,$y=x-1$;当 $x=0$ 或 $x=5$ 时,$y=x$;当 $x>0$ 且 $x\neq 5$ 时,$y=x+1$。

```
#include <stdio.h>
void main()
{float x,y;
 scanf("%f",&x);
 if(x<0)      y=x-1;
 else if(_____)   y=x;
 else         y=x+1;
 printf("%f",y); }
```

13. 如果从键盘输入数据65,下面程序输出的结果是_____。

```
#include <stdio.h>
void main()
{int score;
 printf("Please input score (0~100):");
 scanf("%d",&score);
 if(score>=90)
    printf("Excellent\n");
 else if(score>=80)
    printf("Good\n");
 else if(score>=70)
    printf("General\n");
 else if(score>=60)
    printf("Pass\n");
 else
    printf("Fail\n");}
```

14. 计算器程序。用户输入运算数和运算符,输出计算结果。

```
#include <stdio.h>
```

```
void main()
{float a,b;
 char c;
 printf("Input expression: a+(-,*,/)b \n");
 scanf("%f%c%f",&a,&c,&b);
 switch(c)
 {case ____:  printf("sum= %.2f\n",a+b);break;
  case '-':  printf("difference=%.2f\n",a-b);break;
  case '*':  printf("product=%.2f\n",a*b);break;
  case '/':  if(b==0)
                printf("input error\n");
             else
                printf("quotient=%.2f\n",a/b);break;
  default:   printf("input error\n"); }
}
```

15. 将输入的百分制分数转换为相应的等级并输出,90～100 分则为 excellent;80～89 分则为 good;70～79 分则为 general;60～69 分则为 pass;小于 60 分为 fail。

```
#include <stdio.h>
#include <math.h>
void main()
{float score;
 scanf("%f",&score);
 if(score<0||score>100)
 {printf("input data error");
  return;}
 switch((int)score/10)
   {case 10:
    case 9: printf("excellent");break;
    case 8: printf("good");break;
    case 7: printf("general");break;
    case 6: printf("pass");break;
    _____:printf("fail");break;
 }
}
```

16. 下面程序的输出结果是_____。

```
#include <stdio.h>
void main()
{int i=1,j=2,k=3;
 if((j++||k++)&&i++)
 printf("%d,%d,%d\n",i,j,k);
}
```

17. 任意输入三个数,判断这三个数是否可以构成一个三角形。若能构成三角形,则输出该三角形的面积;否则输出错误信息。

```
#include <stdio.h>
#include <math.h>
void main()
{float a,b,c,s,area;
 printf("请输入三角形的三条边长:\n");
 scanf("%f%f%f",&a,&b,&c);
 if(a<=0||b<=0||c<=0)
    {printf("该三条边不能构成三角形\n");}
 else
    {if(_____)
        {s=(a+b+c)/2;
         area=sqrt(s*(s-a)*(s-b)*(s-c));
         printf("边长:%5.2f,%5.2f,%5.2f构成的三角形面积为:%10.2f\n",a,b,c,area);}
     else
        {printf("该三条边不能构成三角形\n");}
    }
}
```

18. 从键盘输入一个年份,判定其是否闰年。闰年的条件:(1)能被4整除但不能被100整除的年份都是闰年;(2)能被100整除,又能被400整除的年份是闰年;

```
#include <stdio.h>
void main()
{ int year;
  printf("请输入年份:");
  scanf("%d",&year);
  if((year%400==0)||(year%4==0&&_____))
     printf("%d年是闰年!\n",year);
  else
     printf("%d年不是闰年!\n",year); }
```

19. 下面程序的输出结果是_____。

```
#include <stdio.h>
void main()
{int x=2,y=1,z=3;
 if(x<y)
     if(y<z)   z=4;
     else      z=2;
 printf("%d",z); }
```

20. 输入一个整数,判断它是奇数还是偶数。

```
#include <stdio.h>
```

```
void main()
{int x;
 printf("Input a number: ");
 scanf("%d",&x);
 if(_____)
   printf("%d is a even number.\n",x);
 else
   printf("%d is a odd number.\n",x);
}
```

三、判断题

1. 逻辑非运算的求值规则：参与运算的量为真时，结果为假；参与运算的量为假时，结果为真。　　　　　　　　　　　　　　　　　　　　　　　　　（　　）
2. 关系表达式的值是逻辑值"真"和"假"，用 T 和 F 表示。　　（　　）
3. 关系表达式 3＞2＞1 的值为真。　　　　　　　　　　　　（　　）
4. 逻辑非运算符！为单目运算符，具有右结合性。　　　　　　（　　）
5. 逻辑运算符和其他运算符优先级的关系从高到低为：
　　　　！(非)→算术运算符→关系运算符→＆＆ 和‖→赋值运算符　（　　）
6. 在 C 语言中，代表"等于"的关系运算符为＝。　　　　　　（　　）
7. 在 if 关键字之后均为表达式。该表达式可以是任意表达式，但不能是变量。
　　　　　　　　　　　　　　　　　　　　　　　　　　　　（　　）
8. 当 if 语句中的执行语句又是 if 语句时，则构成了 if 语句的嵌套。（　　）
9. a＞b?a:c＞d?c:d 应理解为 a＞b?a:(c＞d?c:d)。　　　　　（　　）
10. 在 switch 多分支语句中，break 语句用于跳出 switch 语句。（　　）

四、改错题

1. 下面程序的功能是判断输入的一个整数是否能被 5 和 7 同时整除，若能整除，输出 YES，否则，输出 NO。

```
#include<stdio.h>
void main()
{ int x;
  scanf("%d",&x);
  if(x%5==0‖x%7==0)
    printf("YES");
  else
    printf("NO");
}
```

错误语句：

正确语句：

2. 下面程序的功能是输出一个 4 位整数的后两位数值，例如输入 5678，输出 78。

```c
#include <stdio.h>
void main()
{ int x,y;
  printf("input a integer<1000--9999>:");
  scanf("%d",x);
  y=x%100;
  printf("%d\n",y);
}
```

错误语句：

正确语句：

3. 下面程序的功能是从键盘输入三个整数，输出其中最小的数。

```c
#include <stdio.h>
void main()
{int a,b,c,temp,min;
 scanf("%d,%d,%d",&a,&b,&c);
 temp=(a<b)?a:b;
 min=(temp>c)?temp:c;
 printf("min=%d\n", min);
}
```

错误语句：

正确语句：

4. 下面程序的功能是判断某一年是否为闰年。

```c
#include <stdio.h>
void main()
{int year,leap;
 scanf("%d",&year);
 if(year%4==0)
   {if(year%100==0)
       { if(year%400!=0)
            leap=1;
         else
            leap=0;
       }
    else
       leap=1;
   }
else
   leap=0;
if(leap)
   printf("%d is ",year);
```

```
    else
      printf("%d is not",year);
 printf("a leap year.\n");}
```

错误语句：

正确语句：

五、编程题

1. 编写程序，从键盘输入一个整数，判断是奇数还是偶数。

2. 编写程序，从键盘输入一个三角形三条边的长，然后输出三角形的面积，要求取2位小数。当三角形不成立时输出"不能构成一个三角形"。

3. 编写程序，从键盘输入一个字符，判断是否为大写字母，如果是大写字母，则转换为小写字母，否则不转换。

第 5 章

循 环 结 构

一、单项选择题

1. 若定义 i 为整型变量,则 for(i=20;i>=0;i--)的循环次数为( )。
   A) 19　　　　　　B) 20　　　　　　C) 21　　　　　　D) 22

2. 在 C 语言中,表达式 for(表达式 1;;表达式 3)可以理解为( )。
   A) for(表达式 1;表达式 1;表达式 3)　　　B) for(表达式 1;表达式 3;表达式 3)
   C) for(表达式 1;0;表达式 3)　　　　　　D) for(表达式 1;1;表达式 3)

3. 在 C 语言中,下面关于 do…while 循环叙述正确的是( )。
   A) do…while 循环不能使用 while 循环或 for 循环来代替
   B) 在 do…while 循环中,必须使用 break 语句退出循环
   C) 在 do…while 循环中,当 while 后的表达式为非 0 时结束循环
   D) 在 do…while 循环中,当 while 后的表达式为 0 时结束循环

4. 在 C 语言中,do…while 循环和 while 循环的主要区别是( )。
   A) do…while 的循环控制条件比 while 的循环控制条件更严格
   B) do…while 允许从循环体外部转到循环体内部
   C) do…while 的循环体至少无条件执行一次
   D) do…while 的循环体内不能是复合语句

5. 在循环结构中,下面叙述中正确的是( )。
   A) do-while 循环属于"当型"循环。
   B) while 的循环属于"直到型"循环。
   C) for 循环属于"当型"循环。
   D) for 循环属于"直到型"循环。

6. 在循环结构中,下面叙述中正确的是( )。
   A) break 语句只结束本次循环,继续进行下一次循环条件的判定
   B) continue 语句则是结束本层循环
   C) break 语句只能用在循环体内
   D) break 语句只能用在 switch 语句体内和循环体内

7. 在循环结构中,与循环 while(x)中的表达式 x 不等价的是( )。
   A) x!=0　　　　　B) !x==0　　　　　C) x<0||x>0　　　　D) x==0

8. 若已定义 i、n 为整型变量,下面不能求 n! 的程序段是(   )。

A) f=1;
　for(i=1;i<=n;i++) f=f*i;

B) f=1;
　for(i=n;i>=1;i--) f=f*i;

C) f=1;
　for(i=1;i<n; i++) f=f*i;

D) f=1;
　for(i=n;i>0;i--) f=f*i;

9. 若已定义 i 为整型变量,则循环语句的循环次数是(   )。

i=5;
while(i==0) i--

A) 0　　　　　　B) 5　　　　　　C) 6　　　　　　D) 无限次

10. 若已定义 i、j 为整型变量,则循环语句 for(i=0,j=0; (j!=1)||(i<3); i++) f=f*i;的循环次数是(   )。

A) 1　　　　　　B) 2　　　　　　C) 3　　　　　　D) 无限次

11. 下面程序的输出结果是(   )。

```
#include <stdio.h>
void main()
{int x=61;
 do
 {printf("%d\n",--x);
  }while(!x);
}
```

A) 60　　　　　　B) 61　　　　　　C) 62　　　　　　D) 63

12. 下面程序的输出结果是(   )。

```
#include <stdio.h>
void main()
{int x=-1;
 do
 {x=x*x;
  }while(!x);
 printf("%d",x);}
```

A) −1　　　　　　B) 0　　　　　　C) 1　　　　　　D) 2

13. 下面程序的输出结果是(   )。

```
#include <stdio.h>
void main()
{int x=0,sum=0;
 while(!x!=0)
   sum+=++x;
 printf("%d",sum);}
```

A) 0　　　　　　B) 1　　　　　　C) 2　　　　　　D) 3

14. 下面程序的输出结果是(   )。

```
#include <stdio.h>
void main()
{int x=20;
 do
 {--x;
 }while(--x);
 printf("%d",--x);}
```

    A) -1   B) 0   C) 1   D) 2

15. 下面程序的输出结果是(   )。

```
#include <stdio.h>
void main()
{int i;
 long int total;
 i=1;
 total=0;
 while(i<=100)
 {total=total+i;
  i++;}
 printf("%ld\n",total);
}
```

    A) 5030   B) 5040   C) 5050   D) 5060

16. 下面程序的输出结果是(   )。

```
#include <stdio.h>
void main()
{int x=9;
 while(x>5)
    { x--;
      printf("%d",x);} }
```

    A) 9876   B) 987   C) 8765   D) 876

17. 下面程序从键盘上输入字符为 e,输出结果为 E,则正确的是(   )。

```
#include <stdio.h>
void main()
{ char ch;
  while((ch=getchar())!='\n')
    {if(ch>='a'&& ch<='z') ch=_____;
     printf ("%c",ch); }  }
```

    A) ch-26   B) ch+26   C) ch-32   D) ch+32

18. 下面程序的输出结果是(   )。

```
#include <stdio.h>
void main()
{int i,sum;
 for(i=1;i<10;i++)
    sum=sum+i;
 printf ("%d", sum);
}
```

  A) 43   B) 44   C) 45   D) 不确定

19. 下面程序的输出结果是( )。

```
#include <stdio.h>
void main()
{int i,sum;
 sum=0;
 for(i=1;i<=9;i=i+2)
   sum=sum+i;
 printf("%d,%d", sum,i);
}
```

  A) 24,9   B) 24,11   C) 25,9   D) 25,11

20. 下面程序的输出结果是( )。

```
#include <stdio.h>
void main()
{int i;
 for(i=1;i<6;i++)
   {if(i%2) { printf ("$"); continue; }
    printf ("!");
   }
}
```

  A) $ $ $ $ $ B) !!!!! C) $!$!$ D) !$!$!

21. 下面程序的输出结果是( )。

```
#include <stdio.h>
void main()
{int i,j,sum;
 sum=0;
 for(i=0,j=10;i<=j;i++,j--)
    sum=sum+i+j;
 printf ("%d", sum);
}
```

  A) 9   B) 10   C) 50   D) 60

22. 如果从键盘输入数据12345,下面程序的输出结果是( )。

```
#include <stdio.h>
void main()
{int n,temp;
 scanf("%d",&n);
 while(n! =0)
   {temp=n%10;
    printf("%d",temp);
    n=n/10;}
}
```

    A) 12345   B) 23451   C) 34512   D) 54321

23. 下面程序输出的结果是(　　)。

```
#include<stdio.h>
void main()
{ int i=10,sum=0;
  do
  { sum=sum+i;
    i--;
  }while(i>0);
  printf("%d\n",sum);
}
```

    A) 33   B) 44   C) 55   D) 66

24. 下面程序输出的结果是(　　)。

```
#include <stdio.h>
void main()
{ int i;
  for(i='A';i<='G';i++)
     printf("%c",i+32);
  printf("\n");
}
```

    A) 编译不通过   B) ABCDEFG   C) abcdefg   D) aBcDeFg

25. 输入20个整数，然后统计其中负数、零和正数的个数。

```
#include <stdio.h>
void main()
{ int i,x,zs=0, fs=0, zero=0;
  for(i=1;i<=20;i++)
  { scanf("%d",&x);
    if(x<0)
       fs++;
    _____(x==0)
       zero++;
```

```
    else
       zs++; }
  printf("fs=%d zero=%d zs=%d \n", fs, zero,zs );
}
```

  A) if   B) else   C) if else   D) else if

26. 所谓的"回文数"是指这个数逆置后数值不变。例如,232。输出 100 到 999 之间的回文数。下面选择正确的是(　　)。

```
#include <stdio.h>
void main()
{ int x;
  for(x=100;x<1000;x++)
     if(x/100==_____)   printf("%d \n",x );
}
```

  A) x/10   B) x*10   C) x%10   D) x

27. 有一分数数列:2/1,3/2,5/3,8/5,13/8,21/13…,求出这个数列的前 30 项之和。下面选择正确的是(　　)。

```
#include <stdio.h>
void main()
{ int n,temp,number=30;
  float a=2,b=1,sum=0;
  for(n=1;n<=number;n++)
  { sum=sum+a/b;
    temp=a;
    a=         ;
    b=temp;
  }
  printf("sum is %f\n",sum);
}
```

  A) a+b   B) a-b   C) a*b   D) a/b

28. 下面程序的输出结果是(　　)。

```
#include <stdio.h>
void main()
{int i,j,sum;
 for(i=1;i<=3;i++)
   { sum=0;
     for(j=1;j<=i;j++)
       sum=sum+i*j;
   }
 printf("%d",sum);
}
```

A) 17　　　　　　B) 18　　　　　　C) 24　　　　　　D) 25

29. 下面程序的输出结果是(　　)。

```
#include <stdio.h>
void main()
{int i,j;
 double t,sum;
 sum=0;
 for(i=1;i<=10;i++)
   { t=1;
      for(j=1;j<=i;j++)
          t=t*j;
      sum=sum+t;
   }
 printf("%f", sum);
}
```

A) 1+2+3+…+10　　　　　　　　B) 1*2*3*…*10
C) 1!+2!+3!+…+10!　　　　　　D) 1!*2!*3!*…*10!

30. 下面程序求半径为 0.5m、1.0m、1.5m、2.0m、2.5m、3.0m 时的圆面积和圆周长，下面叙述中正确的是(　　)。

```
#include <stdio.h>
#define  PI   3.14
void main()
{float r,s,c;
 for(r=0.5;r<=3.0;r=r+0.5)
   { s=PI*r*r;
     c=2*PI*r;
     printf("s=%f,c=%f\n",s,c); } }
```

A) 变量 r 不是循环控制变量，也不是半径的数值
B) 变量 r 不是循环控制变量，是半径的数值
C) 变量 r 是循环控制变量，不是半径的数值
D) 变量 r 即是循环控制变量，又是半径的数值

二、填空题

1. 由 while 语句构成的循环属于"_____型"循环。它先判断表达式，后执行循环体。由 do…while 语句构成的循环属于"_____型"循环。它先执行循环体，后判断表达式。

2. 在一个循环体内又完整地包含另一个循环，称为循环的_____。

3. 求算式 1+2+3+…+100 的值。

```
#include <stdio.h>
```

```
void main()
{int i;
 long total;
 i=1;
 total=0;
 do
   {total=total+i;
    _____;
   }while(i<=100);
 printf("%ld\n",total);}
```

4. 下面程序的输出结果是_____。

```
#include <stdio.h>
void main()
{int i,t=1;
 for(i=100;i>=0;i--)
   t=t*i;
 printf("%d",t);}
```

5. 求算式 1+1/2+1/3+…+1/100 的值。

```
#include <stdio.h>
void main()
{ int i;
  float sum=0;
  for(i=1;i<101;i++)
    sum=sum+_____;
  printf("%f\n",sum);}
```

6. 输出 1~100 之间所有能被 3 整除的数以及它的个数。

```
#include <stdio.h>
void main()
{int i,num=0;
 for(i=3;i<100;i++)
   if(i%3==0)
   {printf("%d,",i);
    _____;}
 printf("\nThere are %d numbers!",num);
}
```

7. 输出 1~100 之间所有包含 7 的数,并且求和。

```
#include <stdio.h>
void main()
{int i,sum=0;
 for(i=7;i<=97;i++)
```

```
    if(i%10==7 _____ i/10==7)
       {printf("%d\n",i);
        sum=sum+i;}
  printf("sum=%d\n",sum);}
```

8. 如果从键盘输入字符 E,则下面程序的输出结果是_____。

```
#include <stdio.h>
void main()
{char ch;
 while((ch=getchar())!='\n')
    {if(ch>='A'&& ch<='Z') ch=ch+32;
     printf("%c\n",ch);}
}
```

9. 如果从键盘输入字符 a,则下面程序的输出结果是_____。

```
#include <stdio.h>
void main()
{char ch;
 while((ch=getchar())!='\n')
    {if(ch>='a'&& ch<='z')
        putchar(ch-('a'-'A'));
     else
        putchar(ch);}
}
```

10. 下面程序的功能是从键盘输入若干个学生的成绩,然后统计并输出最低成绩和最高成绩,当输入负数时结束。

```
#include <stdio.h>
void main()
{float x,min,max;
 scanf("%f",&x);
 min=x;
 max=x;
 while(_____)
    {if(x<min) min=x;
     if(x>max) max=x;
     scanf("%f",&x); }
 printf("min=%f,max=%f\n",min,max); }
```

11. 使用 while 循环求算式 $1+2+3+\cdots+n$ 的值,直到累加和大于或等于 1000 为止。

```
#include <stdio.h>
void main()
```

```
{int i,sum;
 i=1;
 sum=0;
 while(_____)
   {sum=sum+i;
    i++;}
 printf("sum=%d,n=%d\n",sum,i-1);
}
```

12. 使用 for 循环求算式 $1+2+3+\cdots+n$ 的值,直到累加和大于或等于 1000 为止。

```
#include <stdio.h>
void main()
{ int i,sum=0;
  for(i=1;  ; i++)
    { sum=sum+i;
      if(sum>=1000)_____;}
  printf("sum=%d,n=%d\n",sum,i);
}
```

13. 已知等比数列的第一项 $a=1$,公比 $q=3$,求前 n 项之和小于 40 的最大数 n。

```
#include <stdio.h>
void main()
{ int a,q,n,sum;
  a=1;
  q=3;
  sum=0;
  for(n=0; sum<40; n++)
    { sum=sum+a;
      a=a*q;
    }
  printf("n=%d\n",_____);
}
```

14. 从键盘输入字母,如果是大写字母则转换成小写字母,其他字符不变。

```
#include <stdio.h>
#include <_____>
void main()
{char ch ;
 while((ch=getchar())!='\n')
  {if(isalpha(ch))
      ch=tolower(ch);
   printf("%c",ch);}
}
```

15. 下面程序的输出结果是_____。

```c
#include <stdio.h>
void main()
{int sum=0,i;
 for (i=1;i<=4;i++)
   {switch(i)
       {case 1: sum=sum+1;break;
        case 2:
        case 3: sum=sum+2;
        default: sum=sum+6;}
    }
 printf ("%d",sum );}
```

16. 下面程序的功能是从键盘用数字输入月份,然后输出显示同一月份的英文单词。

```c
#include <stdio.h>
void main()
{int month;
 char ch;
 while(1)
 {printf("please input month (1-12): ");
  scanf("%d",&month);
  switch(_____)
      {case 1: printf("January\n ");break;
       case 2: printf("February\n ");break;
       case 3: printf("March\n ");break;
       case 4: printf("April\n ");break;
       case 5: printf("May\n ");break;
       case 6: printf("June\n ");break;
       case 7: printf("July\n ");break;
       case 8: printf("August\n ");break;
       case 9: printf("September\n ");break;
       case 10: printf("October\n ");break;
       case 11: printf("November\n ");break;
       case 12: printf("December\n ");break;
       default: printf("sorry,input data error\n ");}
  getchar();
  printf("\ncontinue?(Y/N):");
  ch=getchar();
  if(ch!='Y'&&ch!='y') break;
 }
}
```

17. 输入某班级 35 名学生 5 门课程的成绩,分别统计每个学生 5 门课程的平均成绩。

```
#include <stdio.h>
void main()
{int i,j;
 float grade,sum,average;
 for(i=1;i<=35;i++)
    { _____;
      for(j=1;j<=5;j++)
        {scanf("%f",&grade); sum=sum+grade;}
      average=sum/5;
      printf("No.%d average=%5.2f\n",i,average);}}
```

18. 下面程序求 1＋3＋5＋7＋9＋… 的前 10 项之和。

```
#include <stdio.h>
void main()
{ int i,tn, sum;
  sum=0;
  tn=1;
  for(i=1; i<=10 ; i++)
    { sum=sum+tn;
      tn=_____;}
  printf("sum=%d\n",sum);
}
```

19. 下面程序求 sum＝1＋(1＋2)＋(1＋2＋3)＋…＋(1＋2＋3＋…＋n)。

```
#include <stdio.h>
void main()
{int i,n;
 long int tn,sum;
 sum=0;
 tn=0;
 scanf("%d",&n);
 for(i=1;i<=n;i++)
    {tn=_____;
     sum=sum+tn;}
 printf("%d",sum);
}
```

20. 下面程序求 sum＝1＋12＋123＋1234＋12345＋123456。

```
#include <stdio.h>
void main()
{int i,tn,sum;
 sum=0;
 tn=0;
 for(i=1;i<=6;i++)
```

```
   {tn=i+_____;
    sum=sum+tn;}
 printf("%d",sum);
}
```

21. 下面程序求 $sn=a+aa+aaa+\cdots+aa\cdots a(n 个 a)$ 的数值，其中 a 是一个数字。例如，若 $a=2, n=5$ 时，$sn=2+22+222+2222+22222$，其数值为 24690。

```
#include <stdio.h>
void main()
{int a,n,i,sn,tn;
 sn=0;
 tn=0;
 scanf("%d,%d",&a,&n);
 for(i=1;i<=n;i++)
   { tn=_____;
     sn=sn+tn; }
 printf("sn=%d\n",sn);
}
```

22. 使用 while 循环编程计算 e。求 e 的近似公式为 $e=1+1/1!+1/2!+1/3!+\cdots+1/n!$，要精确到小数 5 位。

```
#include <stdio.h>
void main()
{ double e,tn,i;
 e=0.0;
 tn=1.0;
 i=1.0;
 while(tn>1e-5)
   {e=e+tn;
    tn=tn/i;
    _____;}
 printf("e=%10.5f\n",e);
}
```

23. 使用 for 循环编程计算 e。求 e 的近似公式为 $e=1+1/1!+1/2!+1/3!+\cdots+1/n!$，要精确到小数 5 位。

```
#include <stdio.h>
void main()
{ int i;
 float e,tn;
 e=0;
 tn=1;
 for(i=1;tn>0.00001;i++)
```

```
      {e=e+tn;
        tn=_____;}
   printf("e=%10.5f\n",e);
}
```

24. 求 fibonacci 数列的前 15 个数。该数列为：1,1,2,3,5,8,13,21……即前两个数为 1 和 1。从第 3 个数开始为其前面两个数之和。

```
#include <stdio.h>
void main()
{int i;
 int f1,f2,f;
 f1=1;
 f2=1;
 printf("%5d%5d",f1,f2);
 for(i=1;i<=13;i++)
   {f=f1+f2;
    printf("%5d",f);
    f1=f2;
    _____;}
}
```

25. 用迭代法求 $x=\cos x$ 方程的根，并且要求误差小于 10^{-7}。

```
#include <stdio.h>
#include <math.h>
void main()
{double x1,x2;
 x1=0.0;
 x2=cos(x1);
 while(fabs(x2-x1>1e-7))
   { x1=x2;
     _____;
   }
 printf("x=%f\n",x2);
}
```

26. 输出所有三位的"水仙花数"。所谓"水仙花数"是指其各位数的立方和等于该数本身。例如，$153=1^3+5^3+3^3$，则 153 是一个"水仙花数"。

```
#include <stdio.h>
void main()
{int i,j,k,n;
 for(n=100;n<=999;n++)
   {i=n/100;                    /*求百位数*/
    j=(n-i*100)/10;             /*求十位数*/
```

```
        k=_____;            /*求个位数*/
        if(n==i*i*i+j*j*j+k*k*k)
          printf("%10d",n);
       }
    printf("\n");
}
```

27. 输出所有三位的"水仙花数"。所谓"水仙花数"是指其各位数的立方和等于该数本身。例如,$153=1^3+5^3+3^3$, 则153是一个"水仙花数"。

```
#include <stdio.h>
void main()
{int i,j,k;
 for(i=1;i<=9;i++)
    for(j=0;j<=9;j++)
      for(k=0;k<=9;k++)
         if( i*i*i+j*j*j+k*k*k==_____)
  printf("%10d\n",i*100+j*10+k);
}
```

28. 有100匹马驮100块瓦。大马驮3块,小马驮2块,两匹马驹合驮1块,求需马各多少匹。

```
#include <stdio.h>
void main()
{int x,y,z;
 for(x=1;x<=33; x++)
    for(y=1;y<=50;y++)
       { z=_____;
         if(3*x+2*y+0.5*z==100)
           printf("x=%d,y=%d,z=%d\n",x,y,z);}
}
```

29. 利用格里高利公式求 π 的近似值,直到某一项的绝对值小于 10^{-6} 为止。公式为 $\pi/4 \approx 1-1/3+1/5-1/7+\cdots$。

```
#include <stdio.h>
#include <math.h>
void main()
{float pi ,n, tn;
 int sign;
 pi=0; n=1.0; tn=1;
 sign=1;
 while(fabs(tn)>1e-6)
 {pi=pi+tn;
  n=n+2;
  sign=-sign;
```

```
      tn=_____;}
   pi=pi*4;
   printf("pi=%.6lf\n",pi);
}
```

30. 如果从键盘输入数据 4，下面程序的输出结果是_____

```
#include <stdio.h>
void main()
{int i,j,n;
 scanf("%d",&n);
 for(i=1;i<=n;i++)
   { for(j=1;j<=n;j++)
      {if(i==1 || i==n || j==1||j==n)
          printf("$ ");
       else
          printf(" ");
      }
    printf("\n");
   }
}
```

三、判断题

1．"当型"循环是先判断表达式后执行循环体，"直到型"循环是先执行循环体后判断表达式。　　　　　　　　　　　　　　　　　　　　　　　　　　（　　）

2．如果循环体内包含一个以上的语句，应该用花括号括起来，组成复合语句。
　　　　　　　　　　　　　　　　　　　　　　　　　　　　　　（　　）

3．do…while 语句和 while 语句可以互相转换，运行结果相同。　　（　　）

4．for(循环变量赋初值；循环条件；循环变量增值)中的循环条件不允许省略。（　　）

5．for (f=1,i=1;i<=10; f=f*i,i++)；是非法语句。　　　　　　　（　　）

6．三种循环 while 循环、do…while 循环和 for 循环可以互相嵌套。（　　）

7．在循环结构中，break 语句可以使流程跳出循环体，即提前结束循环。（　　）

8．在循环结构中，continue 语句是结束本次循环，即跳过循环体下面未执行的语句，接着进行循环条件的判定。　　　　　　　　　　　　　　　　　　　（　　）

9．continue 语句和 break 语句的区别是 break 语句只结束本次循环，继续进行下一次循环，而 continue 语句则是结束整个循环，不再判断循环条件是否成立。（　　）

10．goto 语句能构成循环，可以随意使用。　　　　　　　　　　（　　）

四、改错题

1．下面程序的功能是求 10!。

```
#include <stdio.h>
void main()
{int i,temp=1;
```

```
    for (i=10;i>=0;i++)
       temp=temp*i;
    printf ("%d",temp);
  }
```

错误语句：

正确语句：

2. 下面程序的功能是输出 1～100 之间所有能被 3 整除的数。

```
#include <stdio.h>
void main()
{int i,num=0;
 for(i=1;i<=100;i++)
    {if(i%3) break;
     printf("%d,",i);
    }
}
```

错误语句：

正确语句：

3. 下面程序的功能是求 $1!+2!+\cdots+n!$。

```
#include <stdio.h>
void main()
{int n;
 long t=1,i=1,sum=0;
 scanf("%d",&n);
 do
 {t=t*i;
  sum=sum+t;
  i++;
 }while(i>=n);
 printf("sum=%ld",sum);
}
```

错误语句：

正确语句：

4. 下面程序的功能是利用公式 $\pi/4\approx 1-1/3+1/5-1/7+\cdots$ 求 π 的近似值，直到某一项的绝对值小于 10^{-7} 为止。

```
#include <stdio.h>
#include <math.h>
void main()
{int sign;
 float n,temp,pi;
 pi=0;
 temp=1;
```

```
    n=1.0;
    sign=1;
    while(fabs(temp)>10^(-7))
      { pi=pi+temp;
        n=n+2;
        sign=-sign;
        temp=sign/n;
      }
    pi=pi*4;
    printf("pi=%10.7f\n",pi);
}
```

错误语句：

正确语句：

五、编程题

1. 编写程序，求 $1+2+3+\cdots+10$，要求使用 4 种方法。
2. 编写程序，求 $1^2+2^2+3^2+\cdots+10^2$。
3. 编写程序，求 $1/1^2+1/2^2+1/3^2+\cdots+1/10^2$。
4. 编写程序，求 $1*2*3*\cdots*10$。
5. 编写程序，求 $1!+2!+3!+\cdots+10!$。
6. 编写程序，输入两个正整数，输出它们的最大公约数和最小公倍数。

第6章

数 组

一、单项选择题

1. 数组在内存中占用一片连续的存储单元,数组名代表的是在内存中的(　　)。
   A) 数组中全部元素的个数　　　　　B) 数组中第一个元素的值
   C) 数组中全部元素的值　　　　　　D) 数组的首地址

2. 如果对数值型二维数组中全部元素赋初值,则正确的是(　　)。
   A) 数组的第一维长度可以省略,第二维长度可以省略。
   B) 数组的第一维长度可以省略,第二维长度不可以省略。
   C) 数组的第一维长度不可以省略,第二维长度可以省略。
   D) 数组的第一维长度不可以省略,第二维长度不可以省略。

3. 下面叙述中错误的是(　　)。
   A) 同一个数组中的每一个元素都属于同一个数据类型
   B) 对于实型数组,不可以直接用数组名对数组进行整体的输入或输出
   C) 数组名代表数组所占存储区的首地址,其值不可以改变
   D) 在程序运行时,如果数组元素的下标超出了所定义的下标范围,系统将给出"下标越界"的出错信息

4. 如果有以下语句:"int x[3][2];",则下面能正确引用数组元素的选项是(　　)。
   A) x[0][2]　　　B) x[1][2]　　　C) x[2][1]　　　D) x[2][2]

5. 如果有以下语句:"int x;char y[6];",则下面正确的输入语句是(　　)。
   A) scanf("%d%s",x,y);　　　　　　B) scanf("%d%s",&x,y);
   C) scanf("%d%s",x,&y);　　　　　D) scanf("%d%s",&x,&y);

6. 若定义具有20个元素的整型一维数组,下面定义正确的语句是(　　)。
   A) int a[20];　　B) int a[4][5];　　C) int a[5][4];　　D) int a[5,4];

7. 下面不能正确定义二维数组的选项是(　　)。
   A) int a[2][ ]={{1,2},{3,4}};　　　B) int a[ ][2]={1,2,3,4};
   C) int a[2][2]={{1},{2}};　　　　 D) int a[2][2]={{1},2,3};

8. 如果有以下定义:"int a[2][2]={0,1,2,3};",则a数组的各个元素分别为(　　)。
   A) a[0][0]=0,a[0][1]=1,a[1][0]=2,a[1][1]=3
   B) a[0][0]=0,a[0][1]=2,a[1][0]=1,a[1][1]=3

C) a[0][0]=3,a[0][1]=2,a[1][0]=1,a[1][1]=0
D) a[0][0]=3,a[0][1]=1,a[1][0]=2,a[1][1]=0

9. 如果有定义:"int a[4][5];",按照内存中存放顺序,则 a 数组的第 8 个元素为(   )。
   A) a[0][8]　　　　B) a[0][9]　　　　C) a[1][2]　　　　D) a[1][3]

10. 下面能正确定义一维数组的选项是(   )。
    A) int a[ ]="string";　　　　　　　B) int a[5]={1,2,3,4,5,6};
    C) char a={"string"};　　　　　　D) char a[ ]={1,2,3,4,5,6};

11. 如果有以下语句:"char a[ ]="string",b[ ]={'s','t','r','i','n','g'};",则下面叙述中正确的是(   )。
    A) 数组 a 的长度小于数组 b 的长度　　B) 数组 a 的长度等于数组 b 的长度
    C) 数组 a 的长度大于数组 b 的长度　　D) 数组 a 和数组 b 二者等价

12. 若定义 char str[ ]="student";,则数组 str 在内存中所占的空间为(   )。
    A) 5 个字节　　　B) 6 字节　　　　C) 7 字节　　　　D) 8 字节

13. 若定义 str1、str2、str3 为字符串,则语句"strcat(strcpy(str1,str2),str3);"的功能是(   )。
    A) 把字符串 str1 连接到字符串 str2 中再把字符串 str2 复制到字符串 str3 之后
    B) 把字符串 str1 复制到字符串 str2 中再把字符串 str2 连接到字符串 str3 之后
    C) 把字符串 str2 连接到字符串 str1 之后再把字符串 str3 复制到字符串 str1 中
    D) 把字符串 str2 复制到字符串 str1 中再把字符串 str3 连接到字符串 str1 之后

14. 下面叙述中错误的是(   )。
    A) 对于实型数组,不可以直接用数组名对数组进行整体的输入或输出
    B) 对于字符型数组,可以直接用数组名对数组进行整体输入或输出
    C) 对于字符型数组,可以用来存放字符串
    D) 对于字符型数组,可以在赋值语句中通过运算符"="进行整体赋值

15. 若定义"char str1[ ]="abcd",str2[ ]="efg";",则语句"printf("%d\n",strlen(strcpy(str1,str2)));"的输出结果是(   )。
    A) abcdefg　　　B) efg　　　　　C) 7　　　　　　D) 3

16. 下面程序的输出结果是(   )。

```
#include <stdio.h>
void main()
{int i,s=0;
 char str[10]={"12ab34"};
 for(i=0; str[i]>='0'&&str[i]<='9'; i++)
     s=s*10+str[i]-'0';
 printf("%d\n", s);
}
```

　　A) 12ab34　　　B) 1234　　　　C) 12　　　　　D) 34

17. 下面程序的输出结果是(   )。

```c
#include <stdio.h>
void main()
{char str[80]={"abcde"};
 int i,j=2;
 for(i=j; str[i]!='\0'; i++)
   str[i]=str[i+1];
 str[i]='\0';
 printf("%s\n",str);
}
```

    A) abcde   B) acde   C) abde   D) abce

18. 下面程序的输出结果是(　　)。

```c
#include <stdio.h>
void main()
{ int i;
 char name[4][10]={"James","Mike ","Tom","Marry"};
 for(i=1; i<4; i++)
   printf("%s\n", name[i]);
}
```

    A) James   B) James   C) Mike   D) Mike
       Mike   Mike   Tom   Tom
                       Tom   Marry

19. 下面程序的输出结果是(　　)。

```c
#include <stdio.h>
void main()
{int a[3][3]={{1, 2, 3},{4, 5, 6}, {7,8, 9}};
 int i,j;
 int sum=0;
 for(i=0;i<3;i++)
  for(j=0;j<=i;j++)
    sum=sum+a[i][j];
 printf("%d",sum );
}
```

    A) 33   B) 34   C) 44   D) 45

20. 下面程序的输出结果是(　　)。

```c
#include <stdio.h>
void main()
{int a[4][4]={{1, 2, 3,4},{5, 6, 7,8}, {9,10,11,12}, {13,14,15,16}};
 int i,j;
 int sum=0;
 for(i=0;i<4;i++)
```

```
   for(j=0;j<4;j++)
      if(i==j||i+j==3)
         sum=sum+a[i][j];
   printf("%d",sum);
}
```

  A) 66   B) 67   C) 68   D) 69

21. 下面程序输出的结果是( )。

```
#include<stdio.h>
void main()
{ char ch[3][6]={"banana",
                "apple",
                "pear"};
  printf("%s\n",ch[1]);
}
```

  A) banana B) apple   C) pear   D) fruit

22. 下面程序输出的结果是( )。

```
#include<stdio.h>
void main()
{ char string[10]="ABCDEFGH";
  int i=0;
  while(string[i++]!='\0')
      printf("%c",string[i++]);
  printf("\n");
}
```

  A) ABCD   B) ACEG   C) BCDE   D) BDFH

23. 下面程序输出的结果是( )。

```
#include<stdio.h>
void main()
{ char string[]="big123apple ";
  int i;
  i=0;
  while(string[i]!='\0')
    { if(string[i]>='a'&&string[i]<='z')
        printf("%c",string[i]);
      i++;
    }
  printf("\n");
}
```

  A) big   B) apple   C) big123apple D) bigapple

24. 从键盘输入一个学生的 5 门考试成绩，计算平均值、最低分和最高分。下面选择正确的是（　　）。

```
#include <stdio.h>
void main()
{ float x[5],sum=0,average=0,min,max;
  int i;
  for(i=0;i<5;i++)
     scanf("%f",&x[i]);
  min=x[0];
  max=x[0];
  for(i=0;i<5;i++)
    { _____;
      if(x[i]<min)  min=x[i];
      if(x[i]>max)  max=x[i];
    }
  average=sum/5;
  printf("average=%f,min=%f,max=%f\n",average,min,max);
}
```

A) min＝x[i]　　B) max＝x[i]　　C) sum＝x[i]　　D) sum＋＝x[i]

25．下面程序输出的结果是（　　）。

```
#include <stdio.h>
void main()
{ int x[7]={22,33,44,55,66,77,88};
  int k,y=0;
  for (k=0;k<7;k++)
     if(x[k]%2==1)
        y++;
  printf("%d\n",y);
}
```

A) 1　　　　　　B) 2　　　　　　C) 3　　　　　　D) 4

二、填空题

1．在C语言中，同一个数组中的每一个数组元素都属于_____数据类型。

2．在C语言中，由于无法表示上下标，所以就使用_____表示上下标。

3．数组在内存中占用一片_____的存储单元，并且使用数组名代表它的首地址。

4．C语言中若定义：float x[20];，则x数组元素下标的下限是_____，上限是_____。

5．在C语言中，二维数组中数组元素排列的顺序是按照_____存放的。

6．字符数组中的一个数组元素存放_____个字符。

7．对于字符数组，可以用格式说明符_____实现逐个字符输入输出。

8．_____函数的功能是求字符串的实际长度，不包括'\0'在内。

9. 下面程序的输出结果是_____。

```c
#include <stdio.h>
#include <string.h>
void main()
{char c[10]={'s','t','r','i','n','g','\0'};
 int length1,length2;
 length1=sizeof(c);
 length2=strlen(c);
 printf("%d,%d\n",length1,length2);
}
```

10. 下面程序的输出结果是_____。

```c
#include <stdio.h>
void main()
{int a[4][4]={{0,-1,-2,-3},{-4,-5,-6,-7},{1,2,3,4},{5,6,7,8}};
 int i,sum;
 sum=0;
 for(i=0;i<4;i++)
   sum+=a[i][1];
 printf("%d\n",sum);
}
```

11. 用数组求 Fibonacci 数列的前 10 个数。

```c
#include <stdio.h>
void main()
{int i;
 int fibonacci[10]={1,1};
 for(i=2; i<10;i++)
   fibonacci[i]=_____;
 for(i=0; i<10;i++)
   {if(i%5==0) printf("\n");
    printf("%6ld",fibonacci[i]);
   }
}
```

12. 下面程序的功能是：实现二维数组行列互换。

```c
#include <stdio.h>
void main()
{int x[3][2],y[2][3];
 int i,j;
 for(i=0;i<3;i++)
   for(j=0;j<2;j++)
     scanf("%d",&x[i][j]);
```

```
for(i=0;i<3;i++)
  for(j=0;j<2;j++)
    _____;
for(i=0;i<2;i++)
{printf("\n");
 for(j=0;j<3;j++)
   printf("%d ",y[i][j]);
}
}
```

13. 下面程序的输出结果是_____。

```
#include <stdio.h>
void main()
{int a[2][3]={-10,25,-7,16,98,55};
 int i,j,max;
 max=a[0][0];
 for(i=0;i<2;i++)
   for(j=0;j<3;j++)
     if(a[i][j]>max) max=a[i][j];
 printf("%d\n",max);
}
```

14. 下面程序的输出结果是_____。

```
#include <stdio.h>
void main()
{int a[3][4]={{0,1,2,-3},
              {4,5,6,-7},
              {8,9,10,-11}};
 int i,j;
 int sum=0;
 for(i=0;i<3;i++)
   for(j=0;j<4;j++)
     if(a[i][j]<0) sum=sum+a[i][j];
 printf("%d",sum );
}
```

15. 下面程序的功能是使一个字符串按逆序存放。

```
#include <stdio.h>
#include <string.h>
void main()
{char str[]="abcdef";
 char temp;
 int i,j;
 for(i=0,j=strlen(str)-1; _____; i++,j--)
```

```
        {temp=str[i];
         str[i]=str[j];
         str[j]=temp;
        }
 printf("%s\n",str);
}
```

16. 输入一个字符串，在指定位置插入一个字符。

```
#include <stdio.h>
#include <string.h>
void main()
{char str[80],ch;
 int i,j;
 printf("请输入字符串：");
 gets(str);
 printf("请输入插入字符：");
 ch=getchar();
 printf("请输入插入位置：");
 scanf("%d",&j);
 for(i=strlen(str)-1;i>=j;_____)
    str[i+1]=str[i];
 str[j]=ch;
 printf("%s\n",str); }
```

17. 输入一个字符串，在指定位置删除一个字符。

```
#include <stdio.h>
#include <string.h>
void main()
{char str[80];
 int i,j;
 printf("请输入字符串：");
 gets(str);
 printf("请输入删除位置：");
 scanf("%d",&j);
 for(i=j; str[i]!='\0'; i++)
    _____;
 printf("%s\n",str); }
```

18. 下面程序的功能是：不通过使用 strcpy 函数，就将字符数组 string1 中的全部字符复制到字符数组 string2 中。

```
#include <stdio.h>
#include <string.h>
void main()
{char string1[40],string2[40]; int i;
```

```
    scanf("%s",string1);
    for(i=0; i<=strlen(string1); i++)
        _____;
    printf("复制字符串为:%s\n",string2); }
```

19. 下面程序的功能是：不通过使用 strcat 函数，就将字符串 string1 连接到字符串 string2 的后面。

```
#include <stdio.h>
void main()
{char string1[40],string2[40];
 int i=0,j=0;
 scanf("%s",string1);
 scanf("%s",string2);
 while(string2[j]!='\0')
    _____;
 while(string1[i]!='\0')
    string2[j++]=string1[i++];
 string2[j]='\0';
 printf("连接后的字符串为：%s\n",string2);
}
```

20. 下面程序的功能是：不通过使用 strcat 函数，就将字符串 string2 连接到字符串 string1 的后面。

```
#include <stdio.h>
#define N  80
void main()
{char string1[N], string2[N];
int i=0,j=0;
scanf("%s", string1);
scanf("%s", string2);
for(i=0; string1[i]!='\0';i++)
    ;
for(j=0; string2[j]!='\0';j++,i++)
    string1[i]=_____;
printf("%s\n",string1); }
```

21. 下面程序的功能是将数组元素按行求和并输出。

```
#include <stdio.h>
void main()
{int a[3][4]={{0,1,2,3},{4,5,6,7},{8,9,10,11}};
int i,j,sum[3]={0};
for(i=0;i<3;i++)
    {for(j=0;j<4; j++)
```

```
     sum[i]=_____;
     printf("%d\n",sum[i]);}
}
```

22. 下面程序的功能是计算 3×3 矩阵的下三角元素之和。

```
#include <stdio.h>
void main()
{int a[3][3]={{1, 2, 3}, {4, 5, 6}, {7, 8, 9}};
 int i,j;
 int sum=0;
 for(i=0;i<3;i++)
   for(j=0; j<=_____; j++)
     sum=sum+a[i][j];
 printf("%d",sum );
}
```

23. 下面程序的功能是计算 3×3 矩阵的上三角元素之和。

```
#include <stdio.h>
void main()
{int a[3][3]={{1, 2, 3},
              {4, 5, 6},
              {7, 8, 9}};
 int i,j;
 int sum=0;
 for(i=0;i<3;i++)
  for(_____; j<3; j++)
    sum=sum+a[i][j];
 printf("%d",sum );
}
```

24. 下面程序的功能是计算二维数组四周边的所有元素之和。

```
#include <stdio.h>
void main()
{int a[3][4]={{1, 2, 3, 4},
              {5, 6, 7, 8},
              {9,10,11,12}};
 int i,j,sum=0;
 for(i=0;i<3;i++)
 for(j=0;j<4; j++)
     if(i==0||i==2||_____)
       sum=sum+a[i][j];
printf("sum=%d",sum);   }
```

25. 下面程序的输出结果是_____。

```
#include <stdio.h>
void main()
{int i,j,k;
 char a[]={"$$$"};
 for(i=0;i<3;i++)
   {printf("\n");
    for(j=0; j<i; j++)
      printf("%c",' ');
    for(k=0;k<3;k++)
      printf("%c",a[k]);}
}
```

26. 下面程序的输出结果是_____。

```
#include <stdio.h>
void main()
{int a[6]={1,2,3,4,5,6};
 int i,t,n=6;
 for(i=0;i<n/2;i++)
    {t=a[i];
     a[i]=a[n-1-i];
     a[n-1-i]=t;}
for(i=0;i<6;i++)
 printf("%d ",a[i]); }
```

27. 下面程序的输出结果是_____。

```
#include <stdio.h>
void main()
{int i;
 char a[4][10]={"apple","banana","orange","pear"};
 for(i=1;i<3;i++)
    printf("%s ",a[i]);}
```

28. 下面程序的功能是:使用二分查找法,在已经由小到大排序的整数中进行查找。

```
#include <stdio.h>
void main()
{int a[10]={1,2,3,4,5,6,7,8,9,10};
 int low,mid,high;
 int n=10,x;
 scanf("%d",&x);
 low=0;
 high=n-1;
 while(low<=high)
    { mid=(low+high)/2;
      if (x==a[mid])
```

```
      break;
    else if (x<a[mid])
      high=_____;
    else
      low=mid+1;}
 if (low<=high)
   printf("Adress is %d\n",mid);
 else
   printf("Not Found\n");}
```

29. 已知 **A** 是 3×2 矩阵，**B** 是 2×4 矩阵，下面程序的功能是计算两个矩阵的乘积。

```
#include<stdio.h>
void main()
{int a[3][2],b[2][4],c[3][4];
 int i,j,k;
 for(i=0;i<3;i++)
    for(j=0;j<2; j++)
      scanf("%d",&a[i][j]);
 for(i=0;i<2;i++)
    for(j=0;j<4; j++)
      scanf("%d",&b[i][j]);
 for(i=0;i<3;i++)
    for(j=0;j<4; j++)
      {c[i][j]=0;
       for(k=0;k<2; k++)
         c[i][j]=_____;}
 for(i=0;i<3;i++)
    {for(j=0;j<4;j++)
       printf("%d", c[i][j]);
     printf("\n");}
}
```

30. 按照下列形式输出杨辉三角形前 5 行。

$$
\begin{array}{ccccc}
1 & & & & \\
1 & 1 & & & \\
1 & 2 & 1 & & \\
1 & 3 & 3 & 1 & \\
1 & 4 & 6 & 4 & 1 \\
\end{array}
$$
...

```
#include<stdio.h>
void main()
{int yhs[5][5];
 int i,j;
```

```
    for(i=0;i<5;i++)
      { yhs[i][0]=1;
         yhs[i][i]=1; }
    for(i=2;i<5;i++)
       for(j=1;j<i;j++)
          yhs[i][j]=_____;
    for(i=0;i<5;i++)
       {for(j=0;j<=i;j++)
          printf("%5d",yhs[i][j]);
        printf("\n");}
}
```

三、判断题

1. 在 C 语言中,数组属于构造类型的数据。   (   )
2. 数组中的各个数组元素是用不同的下标来区别的。   (   )
3. 数组和简单变量一样,必须"先定义,后使用",以便编译程序在内存中给数组分配空间。   (   )
4. 使用语句"int a[5];"定义了一个一维数组 a,其中有 5 个元素,为 a[1],a[2],a[3],a[4],a[5]。   (   )
5. C 语言编译程序不对数组做边界检查,如果程序中出现了下标越界,可能会造成程序运行结果的错误。因此要注意下标不能过界。   (   )
6. C 语言允许对数组的长度作动态定义,即数组长度可以是变量。   (   )
7. 在 C 语言中,使用数值型数组时,只能逐个引用数组元素而不能一次引用整个数组。   (   )
8. 为数值型数组赋值时,若所有元素值全部相同,则可以给数组整体赋初值。
                                                                        (   )
9. 对数组的全部元素赋初值时,也可以不指定数组长度。   (   )
10. 在 C 语言中,字符串是借助于字符数组来存放的。   (   )
11. 用字符串常量对字符数组初始化时,数组的长度只要与字符串长度相同即可。
                                                                        (   )
12. 在 scanf 函数中用"%s"格式符输入字符串时,空格和回车可以被读入。   (   )
13. 在 printf 函数中使用格式说明"%s"可以实现字符串的整体输出。   (   )
14. gets 函数的功能是从终端读入字符串到字符数组,直到遇到一个空格符。   (   )
15. 使用字符串连接函数 strcat(字符数组 1,字符数组 2)函数时,字符数组 1 的长度要足够大,以保证全部装入被连接的字符。   (   )

四、改错题

1. 下面程序的功能是为数组输入数据并输出结果。

#include <stdio.h>

```
void main()
{int a[3],i;
 for(i=0;i<3;i++)
   scanf("%d",&a);
 for(i=0;i<3;i++)
   printf("%d ",a[i]);}
```

错误语句：

正确语句：

2. 下面程序的功能是求矩阵 *a* 的主对角线元素之和。

```
#include <stdio.h>
void main()
{int a[][3]={{1,2,3},{4,5,6},{7,8,9}};
 int sum,i,j;
 sum=0;
 for(i=0;i<3;i++)
   for(j=0;j<3;j++)
     if(i<=j)   sum=sum+a[i][j];
 printf("sum=%d\n",sum);}
```

错误语句：

正确语句：

3. 下面程序的功能是输出字符串 StringStringStringStringStringString。

```
#include <stdio.h>
void main()
{char c[10]={'S','t','r','i','n','g'};
 int i;
 for(i=0;i<6;i++)
   printf("%c",c[i]);}
```

错误语句：

正确语句：

4. 下面程序的功能是输入 3 个字符串，然后找出其中最小者。

```
#include <stdio.h>
#include <string.h>
void main()
{char string[30];
 char str[3][30];
 int i;
 for(i=0;i<3;i++)
   gets(str[i]);
 if(strcmp(str[0],str[1])<0)
   strcpy(string,str[0]);
 else
```

```
   strcpy(string,str[1]);
 if(str[2]<string))
   strcpy(string,str[2]);
 printf("\nthe smallest string is:%s\n",string);}
```

错误语句：

正确语句：

五、编程题

1. 编写程序，用选择法对15个整数排序。

2. 编写程序，有一个3×5的矩阵，要求出其中最大的元素的值以及其所在的位置。

3. 编写程序，有一个3×3矩阵，分别求两条对角线元素之和。

4. 编写程序，求数列1,5,14,30…，的前15项，即$f[1]=1;…;f[i]=f[i-1]+i*i$。

5. 编写程序，将两个字符串string1与string2进行比较。要求不能使用strcmp函数且要达到相同的功能。

6. 编写程序，一篇英文文章有5行文字，每行含有80个字符。要求统计英文字母、数字、空格以及其他字符的个数。

第 7 章

函　　数

一、单项选择题

1. 一个 C 程序包括一个或多个源程序文件,一个源程序文件包括一个或多个(　　)。
   A) 语句　　　　　　B) 程序段　　　　　C) 函数　　　　　　D) 文件

2. 如果函数中没有 return 语句,则调用该函数将带回一个不确定的值。因此若函数只是用于完成某种操作而没有函数值返回时,为确保函数不带回任何值而减少出错,必须将函数类型定义为(　　)。
   A) int　　　　　　　B) float　　　　　　C) char　　　　　　D) void

3. 在 C 语言中,若在定义函数时不指定函数类型,系统会隐含指定函数类型为(　　)。
   A) void　　　　　　B) int　　　　　　　C) float　　　　　　D) char

4. 在 C 语言的函数调用中,如果普通变量作为函数的参数,则调用函数时(　　)。
   A) 实参和形参共用一个存储单元
   B) 由用户确定是否共用一个存储单元
   C) 由计算机系统确定是否共用一个存储单元
   D) 实参和形参分别占用一个独立的存储单元

5. 在 C 语言的函数调用中,如果函数中的形参和调用时的实参都是变量名时,则传递方式是(　　)。
   A) 由实参传递给形参,再由形参传递给实参
   B) 由用户指定传递方式
   C) 单向值传递
   D) 地址传递

6. 在 C 语言的函数调用中,如果函数中的形参和调用时的实参都是数组名时,则传递方式是(　　)。
   A) 由实参传递给形参,再由形参传递给实参
   B) 由用户指定传递方式
   C) 单向值传递
   D) 地址传递

7. 在 C 语言函数中,下面叙述错误的是(　　)。

A）可以通过 return 语句把函数值从被调用函数传回给调用函数

B）一个函数中有且只能有一个 return 语句

C）一个函数中可以有一个或多个 return 语句，但至多只能有一个传回值

D）一个函数中即使没有 return 语句，也并不是不传回值

8. 如果函数内的局部变量与函数外的全局变量同名时，在局部变量的作用域函数体内，则（　　）。

A）局部变量将被屏蔽不能使用　　　　B）全局变量将被屏蔽不能使用

C）局部变量和全局变量都不能使用　　D）局部变量和全局变量可同时使用

9. 一个 C 语言程序的执行是（　　）。

A）从本程序的第一个函数开始　　　　B）从本程序的最后一个函数开始

C）从本程序的任意一个函数开始　　　D）从本程序的 main() 函数开始

10. 为了可以不在主调函数中对被调用函数进行原型声明，可以采用的方法是（　　）。

A）让被调用函数的定义出现在主调函数之前的位置

B）让被调用函数的定义出现在主调函数之后的位置

C）让被调用函数的定义出现在主调函数同样的位置

D）让被调用函数的定义出现在主调函数之前或之后的任意位置

11. 在 C 语言的函数调用中，如果数组名作为函数的实参，则传递给形参的是（　　）。

A）数组第一个元素的值　　　　　　　B）数组全部元素的值

C）数组全部元素的个数　　　　　　　D）数组的首地址

12. 在 C 语言中规定，函数返回值的类型由（　　）。

A）定义该函数时所指定的函数类型决定

B）return 语句中的表达式类型决定

C）调用该函数的主调函数类型决定

D）调用该函数时系统临时决定

13. 函数调用在程序中出现的位置一般有三种方式，下面叙述中错误的是（　　）。

A）函数调用可以出现在表达式中

B）函数调用可以作为独立的语句存在

C）函数调用可以作为一个函数的实参

D）函数调用可以作为一个函数的形参

14. 在 C 语言中，函数调用语句 function((a,b,c),(d,e)); 中参数的个数是（　　）。

A）1　　　　　　B）2　　　　　　C）4　　　　　　D）5

15. 在 C 语言中，下面关于函数正确的叙述是（　　）。

A）函数可以嵌套定义，也可以嵌套调用

B）函数可以嵌套定义，但不可以嵌套调用

C）函数不可以嵌套定义，但可以嵌套调用

D）函数不可以嵌套定义，也不可以嵌套调用

16. 在函数调用中，若 funA 调用了函数 funB，函数 funB 又调用了函数 funA，则（　　）。

A）C 语言中不允许这样的递归调用

B）称为函数的直接递归调用

C）称为函数的间接递归调用

D）称为函数的循环调用

17. 在C语言中规定,程序中各个函数之间(　　)。

　　A）允许直接递归调用,允许间接递归调用

　　B）允许直接递归调用,不允许间接递归调用

　　C）不允许直接递归调用,允许间接递归调用

　　D）不允许直接递归调用,不允许间接递归调用

18. 下面叙述中不正确的是(　　)。

　　A）函数中的形参是局部变量

　　B）在不同的函数中可以使用相同名字的变量,它们在内存中占用不同的单元

　　C）在一个函数内定义的变量只在本函数范围内有效

　　D）在一个函数内的复合语句中定义的变量只在本函数范围内有效

19. 在一个源程序文件中定义的全局变量的作用域为(　　)。

　　A）从定义该变量的位置开始至本文件结束

　　B）本程序的全部范围

　　C）本文件的全部范围

　　D）本函数的全部范围

20. 如果要求系统在使用时才分配存储单元,则C语言的变量存储方式为(　　)类型。

　　A）static　　　　　　　　　　B）static和auto

　　C）static和register　　　　　D）auto和register

21. 在C语言中,函数隐含的存储类别为(　　)。

　　A）auto　　　B）static　　　C）register　　　D）extern

22. 下面叙述中不正确的是(　　)。

　　A）函数可以没有形参,可是函数名后的一对括号却不能省略

　　B）在C语言中,不能在一个函数的内部再定义函数

　　C）在没有声明函数返回值类型时,函数返回值的类型默认为int型

　　D）函数的类型可以是整型、实型、字符型,但不可以是指针型

23. 在C语言中,调用函数与被调用函数之间的数据传递可以采用(　　)。

　　A）通过return语句把函数值从被调用函数返回给调用函数进行数据传递

　　B）实参和形参之间进行数据传递

　　C）通过全局变量进行数据传递

　　D）以上三种形式均可

24. 对于静态局部变量,下面叙述中不正确的是(　　)。

　　A）静态局部变量在整个程序运行期间始终存在,即使所在函数调用结束也不释放

　　B）静态局部变量赋初值是在编译时进行,只赋初值一次

　　C）每次调用静态局部变量所在的函数时,保留上次调用结束时的值

D) 在一个函数中定义的静态局部变量可以被其他函数引用

25. 下面叙述中不正确的是（　　）。

A) 宏名无类型,它的参数也无类型

B) 对于带参数的宏定义,宏替换时不仅要进行字符替换,还要进行参数替换

C) 宏替换时要求出实参表达式的值,然后带入形参求值

D) 宏定义不是 C 语句,因此末尾不加分号

26. 下面程序的输出结果是（　　）。

```
#include <stdio.h>
int function(int x,int y)
  { return(x*x-y*y); }
void main()
  { int x=5,y=3,s;
    s=function(x,y);
    printf("%d\n",s); }
```

A) 2　　　　　B) 8　　　　　C) 16　　　　　D) 32

27. 下面程序的输出结果是（　　）。

```
#include <stdio.h>
long func(int n)
  { if(n>2) return (func(n-1)+func(n-2));
    else return (1);
  }
void main()
  { printf("%ld\n",func(5));
  }
```

A) 5　　　　　B) 6　　　　　C) 7　　　　　D) 8

28. 下面程序的输出结果是（　　）。

```
#include <stdio.h>
void main()
  { int zdgys(int x,int y);
    int a=27,b=15,c;
    c=zdgys(a,b);
    printf("%d\n",c);
  }
int zdgys(int x,int y)
{ int w;
  while(y)
    { w=x%y;x=y;y=w; }
  return x;
}
```

A) 2 　　　　　B) 3 　　　　　C) 4 　　　　　D) 5

29. 下面程序的输出结果是(　　)。

```
#include <stdio.h>
int fun(int x, int y)
{x=2;
 y=1;
}
void main()
{ int x=1,y=2;
  fun(x,y);
  printf("%d,%d",x,y);}
```

　　A) 1,2 　　　　B) 2,1 　　　　C) 12 　　　　D) 21

30. 下面程序的输出结果是(　　)。

```
#include <stdio.h>
int change(int x, int y)
{int temp;
 temp=x; x=y; y=temp;
}
void main()
{ int a=1,b=2;
  change(a, b);
  printf("%d,%d",a,b);}
```

　　A) 1,2 　　　　B) 2,1 　　　　C) 12 　　　　D) 21

31. 下面程序的输出结果是(　　)。

```
#include <stdio.h>
void fun(int b[ ])
 { int i;
   for (i=0;i<5;i++)
     b[i]=b[i]*2;
}
void main()
 { int i, a[ ]={1,2,3,4,5};
   fun(a);
   for (i=0;i<5;i++)
   printf("%d,", a[i]); }
```

　　A) 1,2,3,4,5,　　B) 2,3,4,5,6,　　C) 2,4,6,8,10,　　D) 3,4,5,6,7,

32. 下面程序中函数的功能是计算(　　)。

```
double sum(double x, int n)
 { int i;
```

```
    double s,a,b;
     s=1; a=1; b=1;
     for (i=1;i<n;i++)
       { a=a*x;
        b=b*i;
        s=s+a/b; }
      return (s);}
```

  A) $s=1+x+2x^2+\cdots+nx$ B) $s=1+x+x^2/2+\cdots+x^n/n$

  C) $s=1+x+x^2/2!+\cdots+x^n/n!$ D) $s=1+x+2!x^2+\cdots+n!x^n$

33. 下面程序的输出结果是(　　)。

```
#include <stdio.h>
 int m=5;
 int fun(int x,int y)
  { int m=2;
    return (x+y-m);
  }
 void main()
  { int a=6,b=12;
    printf("%d",fun(a,b)/m); }
```

  A) 2   B) 3   C) 4   D) 5

34. 阅读下面的程序段,则执行后的结果是(　　)。

```
#include <stdio.h>
func()
{ static int x=6;
  x++;
  return (x);
}
void main()
{ int i,s;
  for(i=0;i<4;i++)
    s=func();
  printf("%d\n",s);
}
```

  A) 7   B) 8   C) 9   D) 10

35. 下面程序的输出结果是(　　)。

```
#include <stdio.h>
void main()
{double x,func(int,int,int);
 int a=3,b=4,c=5;
 x=func(a,b,c);
```

```
    printf("%lf\n",x);
}
double func(int x,int y,int z)
  {double t;
    t=x%y*z;
    return t;
  }
```

  A) 3   B) 3.000 000   C) 15   D) 15.000 000

36. 下面程序输出的结果是(　　)。

```
#include<stdio.h>
void main()
{ int f(int x);
  int a=8,b=2,c;
  c=f(a)/f(b);
  printf("%d\n",c);
}
int f(int x)
{ int y;
  y=x*x;
  return y;
}
```

  A) 4   B) 8   C) 16   D) 32

37. 下面程序输出的结果是(　　)。

```
#include<stdio.h>
void main()
{ int f(int x);
  int a=2,b;
  b=f(f(f(a)));
  printf("%d\n",b);
}
int f(int x)
{ int y;
  y=x*x;
  return y;
}
```

  A) 64   B) 128   C) 256   D) 512

38. 如果从键盘输入数据1,3,下面程序输出的结果是(　　)。

```
#include "stdio.h"
int max(int m,int n)
{ int result;
```

```
   if(m>n)
        result=m;
   else
        result=n;
   return result;
}
void main()
{ int a,b,c;
  printf("input two numbers:\n");
  scanf("%d,%d",&a,&b);
  c=max(a,b);
  printf("%d\n",c);
}
```

   A) 0   B) 1   C) 2   D) 3

39. 与上题进行比较。如果从键盘输入数据1,3,下面程序输出的结果是（ ）。

```
#include "stdio.h"
int max(int m,int n)
{ int result;
   if(m<n)
        result=m;
   else
        result=n;
   return result;
}
void main()
{ int a,b,c;
  printf("input two numbers:\n");
  scanf("%d,%d",&a,&b);
  c=max(a,b);
  printf("%d\n",c);
}
```

   A) 编译错误   B) 1   C) 2   D) 3

40. 如果从键盘输入数据1 2 3 4 5 6,则下面程序输出的结果是（ ）。

```
#include<stdio.h>
#define M 2
#define N 3
void main()
{ int a[M][N],i,j;
  int max,maxrow,maxcolumn,min,minrow,mincolumn;
  for(i=0;i<M;i++)
     for(j=0;j<N;j++)
        scanf("%d",&a[i][j]);
```

```
    max=min=a[0][0];
    maxrow=maxcolumn=minrow=mincolumn=0;
    for(i=0;i<M;i++)
       for(j=0;j<N;j++)
        { if(a[i][j]>max)
            {max=a[i][j]; maxrow=i; maxcolumn=j;}
          else if(a[i][j]<min)
            {min=a[i][j]; minrow=i; mincolumn=j;}
        }
    printf("max=a[%d][%d]=%d min=a[%d][%d]=%d\n",maxrow,maxcolumn,max,
    minrow,mincolumn,min);
}
```

  A) max＝6 min＝1

  B) min＝1 max＝6

  C) max＝a[1][2]＝6 min＝a[0][0]＝1

  D) min＝a[0][0]＝1 max＝a[1][2]＝6

二、填空题

1. 从用户使用的角度看,函数分为两种:一种称为标准函数或库函数,它是由系统提供的且用户可以直接使用;另一种称为_____,它用以解决用户专门的需要。

2. 所有的函数在定义时都是分别进行的,是互相独立的。不能在一个函数的内部定义另一个函数,即函数不能_____定义。函数间可以互相调用,但不能调用 main()函数,main()函数是由系统调用的函数。

3. 声明的作用是把函数的名字、函数参数的个数和_____等信息通知编译系统,以便在函数调用时,编译系统能识别函数并检查调用是否正确。

4. 在调用一个函数的过程中又调用另一个函数,称为函数的_____。

5. 在调用一个函数的过程中又直接或间接地调用该函数本身,称为函数的_____。

6. 在一个函数内部定义的变量,它只在该函数范围内有效,只有在该函数范围内才能使用它们,该变量称为_____。

7. 一个 C 程序由一个或多个程序模块组成。每一个程序模块作为_____,它是由一个或多个函数以及其他有关内容(如命令行、数据定义等)组成,在程序编译时是以它为单位进行编译的,而不是以函数为单位进行编译的。

8. 如果在一个源文件中定义的函数,只能被所在文件中的函数调用,而不能被同一程序其他文件中的函数调用,这种函数称为内部函数。在定义一个内部函数时,只需在函数类型前再加一个关键字_____即可,它是指函数的作用域仅局限于所在文件。

9. 在定义函数时,如果在函数类型前加一个冠以关键字_____,表示此函数是外部函数,可以供其他文件调用。C 语言规定,若定义函数时省略此关键字,也隐含为外部函数。

10. _____是在C编译系统对源程序进行编译之前,先对程序中以符号#开头的一些特殊命令进行预处理,即根据预处理命令对程序做相应的处理,然后再由编译程序对预处理后的源程序进行通常的编译处理,得到可执行的目标代码,提高编译效率。

11. 求两个整数中较大的数。

```
#include <stdio.h>
int max(int x,int y)
{int z;
 if(x>y)  z=x;
 else   z=y;
 return (z);
}
void main()
{ int a,b,c;
  scanf("%d,%d",&a,&b);
  c=_____;
  printf("max is %d",c);}
```

12. 求两个整数中较小的数。

```
#include <stdio.h>
void main()
{_____;
 int a,b,c;
 scanf("%d,%d",&a,&b);
 c=min(a,b);
 printf("min is %d",c);
}
int min(int x,int y)
{int z;
 z=x<y?x:y;
 return (z);}
```

13. 下面程序的输出结果是_____。

```
#include "stdio.h"
fun(int a)
{int x=7;
 x+=a++;
 printf("%d",x);
}
void main()
{int x=1,a=2;
 fun(a);
 x+=a++;
 printf("%d\n",x);
```

}

14. 下面程序的功能是求三个整数中的最小值。

```c
#include <stdio.h>
void main()
{int min(int x, int y);
 int a,b,c,smallest;
 scanf("%d,%d,%d", &a, &b, &c);
 smallest=min(_____,c);
 printf("smallest is %d\n", smallest);
}
int min(int x, int y)
{int z;
 if(x<y)    z=x;
 else       z=y;
 return (z);}
```

15. 假设从键盘输入数据1,2,5。下面程序的输出结果是_____。

```c
#include <stdio.h>
void main()
  {int sum(int x,int y,int z);
   int a,b,c;
   scanf("%d,%d,%d", &a, &b, &c);
   sum(a,b,c);
   printf("c=%d\n",c);
  }
int sum(int x,int y,int z)
  {z=x+y; }
```

16. 用选择法对数组中的10个数按由小到大进行排序。

```c
#include "stdio.h"
void sort_sele(int a[ ],int n)
{int i,j,min,temp;
 for(i=0;i<n-1;i++)
  {min=i;
   for(j=i+1;j<n;j++)
     if(a[j]<a[min])_____;
   temp=a[min];
   a[min]=a[i];
   a[i]=temp; }
 }
void main()
{int i;
 int arr[10];
```

```
    printf("Please input 10 number:");
    for(i=0;i<10;i++)
        scanf("%d",&arr[i]);
    sort_sele(arr,10);
    for(i=0;i<10;i++)
        printf("%d ",arr[i]); }
```

17. 假设从键盘输入数据1234。下面程序的输出结果是_____。

```
#include "stdio.h"
void fun(int n);
void main()
{int n;
 printf("Please input number:");
 scanf("%d",&n);
 fun(n);
 printf("\n");
}
void fun(int n)
{printf("%d",n%10);
 if(n<10)
    return;
 else
    fun(n/10); }
```

18. 下面程序的输出结果是_____。

```
#include "stdio.h"
#define MAX(x,y)  (x)>(y)? (x):(y)
void main()
{ int a=4,b=2,c=3,d=1,z;
  z=MAX(a+b,c+d) * 5;
  printf("%d\n",z);
}
```

19. 用梯形法求定积分。用梯形法求定积分近似公式如下：

$$s=\{[f(a)+f(b)]/2+[f(a+h)+f(a+2h)+\cdots+f(a+(n-1)h)]\}\times h$$

```
#include <stdio.h>
#include <math.h>
double f(double x)
 { double y;
   y=sin(x);
   return (y);
 }
void main(void)
```

```
{ int i,n;
  double a,b,h,s=0;
  scanf("%lf,%lf,%d",&a,&b,&n);
  h=(b-a)/n;
  s=(f(a)+f(b))/2.0;
  for(i=1;i<=n-1;i++)
      s=s+_____;
  s=s*h;
  printf("s=%f\n",s); }
```

20. 用牛顿迭代法求一元方程 $ax^3+bx^2+cx+d=0$ 在 $x=1$ 附近的一个实根。已知牛顿迭代公式为 $x_{k+1}=x_k-f(x_k)/f'(x_k)$。

```
#include <stdio.h>
#include <math.h>
float fun(float a,float b,float c,float d);
void main()
{float a,b,c,d,root;
 printf("please input (a,b,c,d) numbers :\n");
 scanf("%f,%f,%f,%f",&a,&b,&c,&d);
 root=fun(a,b,c,d);
 printf("root is %.6f\n",root);
}
float fun(float a,float b,float c,float d)
{ float x=1,x0,f,f1;
  do
     {x0=x;
      f=((a*x0+b)*x0+c)*x0+d;
      f1=((3*a*x0+2*b)*x0)+c;
      x=_____;
     }
  while(fabs(x-x0)>=1e-6);
  return(x);}
```

三、判断题

1. 实参和形参不能同名，以免相互影响。   (   )
2. 若函数值的类型和 return 语句中表达式值的类型不一致，则以函数类型为准。(   )
3. 如果被调用函数的定义出现在主调函数之前，可以不在主调函数中对被调用函数进行原型声明。   (   )
4. 数组元素作函数实参时，其用法与普通变量完全相同，实现单向"值传送"。
                                                                        (   )
5. 数组名作函数实参时，在程序的执行过程中，即使形参数组中各元素的值发生变

化，其对应的实参数组元素的值也不发生变化。 （　　）

6. 使形参数组和实参数组共用一段连续的存储空间，可以理解为双向的"地址传递"。 （　　）

7. 允许在不同的函数中使用相同的变量名，它们属于不同的函数，分配不同的单元，相互不干扰。 （　　）

8. 在主函数中的复合语句中定义的变量，其作用域在主函数范围内。 （　　）

9. C语言中，主函数比其他函数级别高，可以使用其他函数中定义的局部变量。 （　　）

10. 全局变量的作用域是从定义位置开始，到本文件结束为止。 （　　）

11. 当全局变量和局部变量同名时，全局变量起作用，局部变量不起作用。 （　　）

12. 全局变量的使用，为函数之间的数据传递另外开辟了一条通道。可以利用全局变量从函数得到一个以上的返回值。 （　　）

13. 静态存储方式是指在程序运行期间分配固定的存储空间的方式。而动态存储方式则是在程序运行期间根据需要进行动态的分配存储空间的方式。 （　　）

14. 静态局部变量是在编译时赋初值的，即只赋初值一次，以后每次调用它们所在的函数时，不再重新赋初值，只是保留上次调用结束时的值。 （　　）

15. 自动变量分配在动态存储区，函数被调用时分配存储空间，调用结束就释放。如果初始化，则赋初值操作是在调用时进行，而且每次调用都重新赋初值。 （　　）

16. 一个源程序往往由多个源文件组成，每个源文件中又包含多个函数。C语言根据函数能否被其他源文件中的函数调用，将函数分为内部函数和外部函数。 （　　）

17. 使用内部函数的好处是：不同的人编写不同的函数时，不用担心自己定义的函数是否会与其他文件中的函数同名，即使同名相互也没有干扰。 （　　）

18. 编译预处理功能主要有宏定义、文件包含和条件编译三种。预处理命令以符号#开头，由于它是C语句，因此末尾加分号（;）。 （　　）

19. 宏定义#define可以有效提高编程效率，增强程序的可读性，便于修改。 （　　）

20. "文件包含"预处理#include命令是在一个源文件中将另外一个或多个源文件的全部内容包含进来，即将另外的文件包含到本文件中。 （　　）

四、改错题

1. 下面程序的功能是用递归法计算 $n!$。

```
#include "stdio.h"
int fac(int n)
{int f;
  if(n<0)printf("n<0,input data error!");
  else if(n==0||n==1)f=1;
  else f=n*f(n-1);
  return (f);
}
void main()
{int n;
```

```
   int x;
   printf("input an integer number:");
   scanf("%d",&n);
   x=fac(n);
   printf("%d!=%d\n",n,x);
}
```

错误语句：

正确语句：

2. 下面程序的功能是输出 1 到 5 的阶乘。

```
#include "stdio.h"
void main()
  {int fac(int n);
   int i;
   for(i=1;i<=5;i++)
     printf("%d!=%d\n",i,fac(i));
  }

int fac(int n)
  {int f=1;
   f=f*n;
   return (f);
  }
```

错误语句：

正确语句：

五、编程题

1. 写一个判别素数的函数，在主函数输入一个整数，输出是否为素数的信息。

2. 编一个函数求 $n!$。主函数求 $6!+7!+8!$。

3. 编一个函数求 n 个数中的最大值。主函数求 10 个数中的最大值。

4. 用递归法将一个整数 n 转换成字符串，例如输入 483，应输出字符串"483"。n 的位数不确定，可以是任意位数的整数。

5. 编写两个函数，分别求两个整数的最大公约数和最小公倍数，用主函数调用这两个函数并输出结果。两个整数由键盘输入。

6. 定义一个函数，根据给定的三角形三条边长，函数返回三角形的面积。

7. 编写一个函数，其功能是判断给定的正整数是否是素数，若是素数则返回函数值 1，否则返回函数值 0。

8. 有 5 个人坐在一起，问第 5 个人多少岁，他说比第 4 个人大 2 岁，问第 4 个人多少岁，他说比第 3 个人大 2 岁，问第 3 个人多少岁，他说比第 2 个人大 2 岁，问第 2 个人多少岁，他说比第 1 个人大 2 岁，问第 1 个人多少岁，他说 10 岁，问第 5 个人多少岁？

第 8 章

指 针

一、单项选择题

1. 在 C 语言中,一个变量的指针就是（　　）。
   A）变量的名称　　　B）变量的地址　　　C）变量的类型　　　D）变量的值
2. 如果有以下定义,则不能表示数组元素的表达式是（　　）。

   int a[5]={1,2,3,4,5}, *p=a;

   A）*p　　　　　　B）*a　　　　　　C）a[5]　　　　　　D）a[p−a]
3. 如果有以下定义,则能对数组元素正确引用的是（　　）。

   int a[5]={1,2,3,4,5}, *p=a

   A）a[p]　　　　　B）p[a]　　　　　C）p+3　　　　　　D）*[p+3]
4. 如果有以下定义,则不能表示数值为 3 的表达式是（　　）。

   int a[5]={1,2,3,4,5}, *p=a;

   A）*p+2　　　　　B）*(p+2)　　　　C）p+2　　　　　　D）*p+=2
5. 如果有以下定义,则 *(p+4)的数值是（　　）。

   char a[5]={ "girl"}, *p=a;

   A）'\0'　　　　　B）'l'　　　　　　C）"l\0"　　　　　　D）"girl"
6. 如果有以下定义,则不能对数组元素正确引用的是（　　）。

   int a[5]= {1,2,3,4,5}, *p= a;

   A）*(p++)　　　　B）*(++p)　　　　C）*(p−−)　　　　　D）*(−−p)
7. 如果已经定义"int x;",则对指针变量 pointer 进行说明和初始化正确的是（　　）。
   A) int pointer=x;　　　　　　　　　B) int pointer=&x;
   C) int *pointer=*x;　　　　　　　　D) int *pointer=&x;
8. 如果已经定义"int x,*pointer;",则下面赋值语句正确的是（　　）。
   A) pointer=x;　　　　　　　　　　　B) pointer=&x;
   C) *pointer=*x;　　　　　　　　　　D) *pointer=&x;

9. 两个类型相同的指针变量不能（   ）。

   A）相减　　　　　B）相加　　　　　C）比较　　　　　D）指向同一地址

10. 如果已经定义"int a[10], *p=a+5, *q=a+2;"，则下面运算错误的是（   ）。

    A）p>q　　　　　B）p+2　　　　　C）p−q　　　　　D）p+q

11. 在 C 语言中，对变量的访问方式是（   ）。

    A）能直接访问，能间接访问　　　　　B）能直接访问，不能间接访问

    C）不能直接访问，能间接访问　　　　D）不能直接访问，不能间接访问

12. 在 C 程序说明语句"int（*pointer）[5];"中，pointer 表示的是一个（   ）。

    A）指向整型变量的指针

    B）指针数组的名字

    C）指向包含 5 个整型元素的一维数组的指针

    D）指向函数的指针

13. 在 C 程序说明语句"int *pointer[5];"中，pointer 表示的是一个（   ）。

    A）指针数组名字，包含 5 个指向整型数据的指针

    B）指向整型变量的指针

    C）指向包含 5 个整型元素的一维数组的指针

    D）指向函数的指针

14. 在 C 语言中，main()函数中参数的个数是（   ）。

    A）0 个　　　　　　　　　　　　　B）最多允许 1 个

    C）最多允许 2 个　　　　　　　　　D）最多允许 3 个

15. 在 C 程序说明语句"int（*pointer）();"中，pointer 表示的是一个（   ）。

    A）指向函数的指针，函数返回值为一个整数

    B）指向整型变量的指针

    C）指向数组的指针

    D）返回值为指针的函数名字

16. 在 C 程序说明语句"int *pointer();"中，pointer 表示的是一个（   ）。

    A）返回值为指针的函数名字　　　　B）指向整型变量的指针

    C）指向数组的指针　　　　　　　　D）指向函数的指针

17. 设函数的功能是交换两个变量的数值。下面能正确实现此功能的函数是（   ）。

    A) fun(int x,int y)　　　　　　　　B) fun(int *x,int *y)
       { int temp;   { int *temp;
         temp=x; x=y; y=temp;   *temp=*x; x=*y; *y=*temp;
       }   }

    C) fun(int x,int y)　　　　　　　　D) fun(int *x,int *y)
       { int *temp;   { int temp;
         *temp=x; x=y; y=*temp;   temp=*x; *x=*y; *y=temp;
       }   }

18. 下面程序输出的结果是（   ）。

```
#include <stdio.h>
void main()
{int a[5]={1,2,3,4,5};
 int i,sum=0,* p;
 p=&a[1];
 for(i=0;i<4;i++)
    sum=sum+ * (p+i);
 printf ("%d",sum); }
```

   A) 12   B) 13   C) 14   D) 15

19. 下面程序输出的结果是( )。

```
#include <stdio.h>
void fun(int * x,int * y )
  { printf ("%d,%d\n", * x,* y);
  * x=3;
  * y=4;
  }
void main()
 {int x,y;
  x=1;
  y=2;
  fun(&x, &y);
  printf ("%d,%d", x,y); }
```

   A) 1,2   B) 3,4   C) 2,1   D) 1,2
     1,2   1,2   4,3   3,4

20. 如果从键盘输入数据1、2,则下面程序输出的结果是( )。

```
#include <stdio.h>
void main()
  {void sub(int x,int y,int * z);
   int a,b,c;
   scanf("%d,%d",&a,&b);
   sub(a,b,&c);
   printf("%d",c);
  }
void sub(int x,int y,int * z)
  { * z=x-y;
  }
```

   A) −1   B) 1   C) c=−1   D) c=1

21. 如果从键盘输入数据1、2,则下面程序输出的结果是( )。

```
#include <stdio.h>
```

```
void swap(int *p1,int p2)
 {*p1=*p1+p2;
   p2=p2+*p1;
 }
void main()
 {int a,b,*pointer1;
  scanf("%d,%d",&a,&b);
  pointer1=&a;
  swap(pointer1,b);
  printf("a=%d,b=%d",a,b);
 }
```

  A) 3,5   B) a=3,b=5   C) 3,2   D) a=3,b=2

22. 下面程序输出的结果是( )。

```
#include<stdio.h>
void main()
{ int array[]={1,2,3,4,5,6,7};
  int i,j,*pointer1,*pointer2;
  pointer1=&array[1];
  pointer2=&array[5];
  i=*pointer1**pointer2;
  j=*(pointer1+2)+*(pointer2+1);
  printf("%d,%d\n",i,j);
}
```

  A) 5,9   B) 9,5   C) 12,11   D) 11,12

23. 下面程序输出的结果是( )。

```
#include<stdio.h>
void main()
 {static int array[3][4]={1,3,5,7,9,11,13,15,17,19,21,23};
  int (*p)[4],i,j,sum[3];
  p=array;
  for(i=0;i<3;i++)
    {sum[i]=0;
     for(j=0;j<4;j++)
       sum[i]=sum[i]+*(*(p+i)+j);
     printf("%d,",sum[i]);}}
```

  A) 16,48,80,   B) 164880   C) 144   D) 80

24. 下面程序输出的结果是( )。

```
#include<stdio.h>
void fun(int x,int y,int *z)
 {*z=x-y;}
```

```
void main()
  {int a,b,c;
   fun(11,5,&a);
   fun(8,a,&b);
   fun(a,b,&c);
   printf("%d,%d,%d",a,b,c);}
```

  A) 2,4,6   B) 2,6,4   C) 6,2,4   D) 6,4,2

25. 下面程序输出的结果是( )。

```
#include<stdio.h>
main()
{ char *p[]={"xx","yy","zz","qq"};
  int i;
  for(i=1;i<4;i++)
    printf("%s",p[i]);}
```

  A) xxyyzzqq B) xxyyzz C) yyzzqq D) zzqqxx

26. 下面程序输出的结果是( )。

```
#include<stdio.h>
#include<string.h>
void main()
{char a[]="ABCDEFGHI";
 char *ch_pointer=&a[9];
 while(--ch_pointer>=&a[0])
      putchar(*ch_pointer);}
```

  A) ABCDEFGHI   B) ABCDEFGH
  C) HGFEDCBA   D) IHGFEDCBA

27. 如果从键盘输入数据1、3、5、7、9、2、4、6、8、10,则下面程序输出的结果是( )。

```
#include<stdio.h>
void  main()
{void bubble_sort(int *ptr,int n);
int i,a[10],*p;
p=a;
printf("Input data:\n");
for(i=0;i<10;i++,p++)
  scanf("%d,",p);
p=a;
bubble_sort(p,10);
for(p=a;p<a+10;p++)
  printf("%d,",*p);
}
void bubble_sort(int *ptr, int n)
```

```
{int i,j,t;
 for (i=0;i<n-1;i++)
   for (j=0;j<n-1-i;j++)
    if(*(ptr+j)> *(ptr+j+1))
      {t=*(ptr+j);   *(ptr+j)=*(ptr+j+1);   *(ptr+j+1)=t; } }
```

  A) 1,3,5,7,9,2,4,6,8,10,   B) 1,2,3,4,5,6,7,8,9,10,
  C) 2,4,6,8,10,1,3,5,7,9,   D) 10,9,8,7,6,5,4,3,2,1,

28. 下面程序输出的结果是( )。

```
#include <stdio.h>
void main()
{ int a[5]={1,2,3,4,5};
  int *p,**pp;
  p=&a;
  pp=&p;
  printf("%d,%d,%d",a[0],*(p++),**pp);}
```

  A) 1,1,1   B) 1,1,2   C) 1,2,1   D) 1,2,2

29. 如果从键盘输入数据 1,3,5,7,9,则下面程序输出的结果是( )。

```
#include <stdio.h>
void  main()
{  void exchange (int x[ ],int n);
   int i,a[5],*p;
   p=a;
   printf("Input data:\n");
   for(i=0;i<5;i++,p++)
      scanf("%d, ",p);
   p=a;                        /* 指针变量指向数组的首地址  */
   exchange (p,5);             /* 调用函数,实参 p 为指针变量 */
   for(p=a;p<a+5;p++)
      printf("%d ",*p);
}
void exchange (int x[ ],int n)  /* 函数定义,形参为数组 x */
{  int temp,i,j,m=n/2;
   for (i=0;i<m;i++)
    { j=n-1-i;
      temp=x[i];
      x[i]=x[j];
      x[j]=temp;}
}
```

  A) 1 3 5 7 9 B) 3 5 7 9 1 C) 5 7 9 1 3 D) 9 7 5 3 1

30. 已知源程序在 echo.c 文件中。如果在命令行状态输入 echo How are you 后回车,则调用 main 函数后,输出的结果是( )。

```
#include <stdio.h>
int main( int argc, char *argv[ ] )
{ while (--argc> 0 )
  printf ("%s%c",*++argv,(argc> 1)?' ':'\n');
}
```

  A) echo　How are you　　　　　　B) How are you
  C) echo　　　　　　　　　　　　　D) you

二、填空题

  1. _____是一个变量,它同普通变量一样也需要占用存储单元,它本身也有地址。但是与普通变量不同的是它存放的是地址,而普通变量存放的是数据。

  2. 计算机对内存单元中的数据进行操作是按照内存地址存取的。由于在程序编译时可以将变量名转换为变量的内存地址,所以在程序中一般是通过变量名来对内存单元进行存/取(即写/读)操作的。这种直接按变量的地址访问变量的方式称为"_____"方式。而通过指针变量访问它所指向的变量的方式称为"_____"方式。

  3. 运算符*出现在不同的情况代表不同的意义。当*出现在说明语句中,它代表指针说明符,表示其后是指针变量。当*出现在表达式中,如果有两个操作对象,则它代表乘号运算符;如果有一个操作对象,则它代表间接访问运算符,功能是取其所指向存储单元的_____。

  4. 在C语言中,指针++运算的意义是使指针指向下一个数据元素的位置。指针－－运算的意义是使指针指向上一个数据元素的位置。在指针变量中具体增加或减少的字节数则由系统自动根据指针变量的_____决定。

  5. 若已经定义"int x,*pointer;",则语句"pointer=&x;"中的&代表_____。

  6. 若已经定义"int x,*p=&x;",调用scanf函数通过p给变量x输入数据的语句是_____。

  7. 在C语言中,指向函数的指针变量只能指向函数的_____地址,而不能指向函数的某一条语句。

  8. 在C语言中,对于int *pa[10],表示定义pa是一个_____。因为*比[]优先级低,所以pa先要与[]结合成为pa[10]的数组形式,它有10个数组元素;然后再与前面的int *结合来表示数组元素的类型是指向整型变量的指针,就是说,每个数组元素都可以指向一个整型变量。

  9. 在C语言中,对于int(*fun)(int x),表示定义fun为一个_____。因为fun首先要与*结合成为指针变量;然后再与后面的()结合,表示该指针变量指向函数,该函数的返回值(即函数值)为整型。

  10. 如果有以下语句:

```
int a[3][4]={{1,2,3,4},{5,6,7,8},{9,10,11,12}};
int(*p)[4]=a;
```

则*(*(p+1)+2))的值是_____,*(p+1)的值是元素_____的地址。

11. 下面程序输出的结果是_____。

```
#include <stdio.h>
void main()
{char a[]="apple",*p=a;
 printf("%c,",*p);
 printf("%s\n",p);}
```

12. 下面程序输出的结果是_____。

```
#include <stdio.h>
void main()
{char a[]="apple";
 char *p;
 for(p=a;p<a+5;p++)
    printf("%s\n",p);}
```

13. 如果有以下语句：则**(p+1)的值是_____，*(p+2)的值是元素_____的地址。

```
int a[5]={1,2,3,4,5};
int *number[5]={&a[0],&a[1],&a[2],&a[3],&a[4]};
int **p;
p=number;
```

14. 使用字符指针变量的方法，完成字符串的复制。

```
#include <stdio.h>
void main()
 { char string1[ ]="I am a student", string2[20];
   char *p1,*p2;
   int i;
   p1=string1;
   p2=string2;
   for( ; *p1!='\0'; p1++,p2++)
       _____;
   *p2='\0';
   printf("string1 is:%s\n", string1);
   printf("string2 is:");
   for(i=0; string2[i]!='\0';i++)
       printf("%c", string2[i]); }
```

15. 使用指针的方法编写程序，求两个浮点数的和以及差。

```
#include <stdio.h>
main()
  { void sub_add(float x,float y,float *sub,float *add);
```

```
    float a,b,sub_result,add_result;
    printf("please input data(a,b): \n");
    scanf("%f,%f",&a,&b);
    sub_add(a,b,_____);
    printf("a-b=%f,a+b=%f\n",sub_result,add_result);
  }
void sub_add(float x,float y,float * sub,float * add)        /*差、和的函数定义*/
  {* sub=x-y;                          /*两个浮点数的差赋值给指针 sub 所指向的变量*/
   * add=x+y;
   return;
  }
```

16. 使用指针编写程序,从键盘输入一个字符串,然后统计字符串中字符的个数。

```
#include <stdio.h>
int length(char * p);
void main()
  {char string[40];
   int l;
   printf("please input a string(less than 40 characters):\n");
   scanf("%s",string);
   l=length(string);
   printf("the string length is:%d\n",l);
  }
int length(char * p)                   /*定义函数,统计字符串中字符的个数*/
  {int len=0;
   while(* p!='\0')
     {_____;
      p++;
     }
   return (len);
  }
```

17. 使用指针编写程序,按照正反两个顺序打印一个字符串。

```
#include <stdio.h>
void main()
  {char * p1,* p2;
   p1="computer language";            /*定义字符指针变量并且指向一个字符串*/
   p2=p1;
   while(* p2!='\0')                  /*正序输出字符串*/
     putchar(_____);
   putchar('\n');
   while(--p2>=p1)                    /*反序输出字符串*/
     putchar(* p2);
```

```
      putchar('\n');
 }
```

18. 使用指向指针的指针的方法，完成对 n 个整数（例如 10 个整数）排序后输出。要求从键盘输入 n 个整数并且把排序单独编写成函数。

```
#include <stdio.h>
void bubble_sort(int **p,int n);
void main()
 {int i,n,number[30];
  int **p,*pointer[30];
  printf("input integer number(less than 30):\n");
  scanf("%d",&n);
  for(i=0;i<n;i++)
    pointer[i]=&number[i];          /*指针数组 pointer 存放 n 个整数的地址*/
  printf("please input data(split by ','):\n");
  for(i=0;i<n;i++)
    scanf("%d,",pointer[i]);
  p=pointer;                        /*二级指针 p 指向指针数组 pointer 的首地址*/
  bubble_sort(p,n);
  printf("the sort result is:\n");
  for(i=0;i<n;i++)
   {printf("%d ",_____);
    p++;
   }
 }
void bubble_sort(int **p,int n)     /*冒泡法排序*/
 {int *temp;
  int i,j;
  for(i=0;i<n-1;i++)
   {for(j=0;j<n-1-i;j++)
     if(**(p+j)>**(p+j+1))
       {temp=*(p+j);*(p+j)=*(p+j+1);*(p+j+1)=temp;}   /*交换整数的地址*/
   }
 }
```

19. 使用指向函数的指针变量调用函数。求三个数中最大的数。

```
#include <stdio.h>
void main()
 {float max(float,float,float);
  float (*p)(float,float,float);
  float a,b,c,big;
  p=max;                            /*使 p 指向 max 函数*/
  scanf("%f%f%f",&a,&b,&c);
  big=_____;                      /*通过指向函数的指针变量调用函数*/
```

```
    printf("a=%f,b=%f,c=%f,big=%f\n",a,b,c,big);
}
float max(float x,float y,float z)
{float temp=x;
 if(temp<y) temp=y;
 if(temp<z) temp=z;
 return temp;
}
```

20. 使用指针数组编写程序,从键盘输入一个星期几(例如7),则程序输出对应星期几的英文名字(Sunday)。

```
#include <stdio.h>
#include <string.h>
char * day_name(int n);                /*英文星期几函数的原型声明*/
void main()
{int n;
 char * pointer;
 printf("please enter a number of week\n");
 scanf("%d",&n);
 pointer=day_name(n);
 printf("Day No:%2d-->%s\n",n,pointer);
}
char * day_name(int n)                 /*英文星期几函数的定义*/
{static char * english_name[] = {" illegal day"," Monday"," Tuesday ",
                                  " Wednesday",
                                  " Thursday"," Friday"," Saturday","Sunday"};
 if(n<1||n>7)
   return (english_name[0]);
 else
   return (_____);
}
```

三、判断题

1. 指针就是地址,指针变量就是存放变量地址的变量。   （   ）
2. 指针变量不可以有空值,即该指针变量必须指向某一变量。   （   ）
3. 可以给指针变量赋一个整数。   （   ）
4. 指针变量能指向任意类型的变量。   （   ）
5. 多个指针变量不能指向同一个变量。   （   ）
6. 单目指向运算符 * 和取地址运算符 & 二者互逆。   （   ）
7. 使用指针类型变量做函数的参数,实际向函数传递的是变量的地址。   （   ）
8. 当指针变量 p 指向一个整型数组时,p+1 是指 p 的地址加 1 字节。   （   ）

9. C语言中,数组名和指针变量均可分别做实参和形参。   (   )
10. 两个类型相同的指针变量可以比较、相减以及指向同一地址,但是不能相加。
                                                      (   )

四、改错题

1. 某一个班级有 n 个学生,开设 m 门课程。使用指针的方法编写程序,查找有课程不及格的学生,并且打印他们的成绩。

```
#include<stdio.h>
#define N 4
#define M 5
void search_fail(int(*p)[M]);            /*函数的原型声明*/
void main()
  {int i,j;
   int score[N][M];
   printf("please input data(split by ' '):\n");
   for(i=0;i<N;i++)
     for(j=0;j<M;j++)
       scanf("%d",&score[i][j]);
   search_fail(score);                   /*找成绩差的学生*/
}
void search_fail(int(*p)[M])    /* float(*p)[4]可以写成 float [][4]的形式*/
  {int i,j;
   for(i=0;i<N;i++)
     {for(j=0;j<M;j++)
       {if(*(*(p+i)+j)<60)break;}      /* p[i][j]用*(*(p+i)+j)表示的形式*/
      if(j<N)
        {printf("NO.%-3d fail,his score are:",i+1);  /*输出有关学生的信息*/
         for(j=0;j<M;j++)
           printf("%d ",*(*(p+i)+j));
         printf("\n");
        }
     }
}
```

错误语句:

正确语句:

2. 使用指针编写程序,从键盘输入的 n 个整数中找出其中的最大值和最小值。
  调用一个函数只能得到一个返回值,要得到多个返回值则用全局变量在函数之间"传递"数据。

```
#include<stdio.h>
#define N 10
int max,min;                               /*全局变量*/
```

```
void max_min_value(int array[],int n);
void main()
  {int i,number[N];
   printf("please enter integer numbers(split by ','):\n");
   for(i=0;i<N;i++)
      scanf("%d,",&number[i]);
   max_min_value(number,N);
   printf("\nmax=%d,min=%d\n",max,min);        /*用max、min在函数之间传回数据*/
  }

void max_min_value(int array[],int n)
  {int *p,array_end;
   max=min=*array;
   array_end=array+n;
   for(p=array+1;p<array_end;p++)
     {if(*p>max)   max=*p;                     /*为全局变量max赋值*/
      else if(*p<min)   min=*p;}
   return;
  }
```

错误语句：

正确语句：

3. 使用指针编写程序，从键盘输入一个字符串，然后统计字符串中字符的个数。

```
#include<stdio.h>
void main()
{char string[30],*pointer;
 printf("please input a string(less than 30 characters):\n");
 scanf("%s",&string);
 pointer=string;
 while(*pointer!='\0')
   pointer++;
 printf("the string length is:%d\n",pointer-string);
}
```

错误语句：

正确语句：

4. 使用指针编写程序，在输入的字符串中查找是否存在字符'x'。

```
#include<stdio.h>
void main()
{char string[30],*p;
 int i;
 p=string;
 printf("please input a string(less than 30 characters):\n");
```

```
    scanf("%s",p);
    for(i=0;p[i]!='\0';i++)                    /*p[i]等价于*(p+i)*/
      if(p[i]=='x'){printf("there is a 'character x' in the string\n"); break;}
    if(p[i]!='\0')   printf("There is no 'character x' in the string\n");
  }
```

错误语句：

正确语句：

5. 使用指针数组编写程序，从键盘输入一个星期几（例如7），则程序输出对应星期几的英文名字(Sunday)。

```
#include <stdio.h>
#include <string.h>
void main()
{ int n;
  char * day_name[]={"illegal day","Monday","Tuesday ","Wednesday ",
                     "Thursday","Friday","Saturday","Sunday"};
  while(1)                                     /*无限循环,由break语句退出*/
    {printf("please enter a number of week\n");
     scanf("%d",&n);
     if(n<1&&n>7){printf("Day No:%2d-->%s\n",n,day_name[0]); break;}
     printf("Day No:%2d-->%s\n",n,day_name[n]);
  }
}
```

错误语句：

正确语句：

五、编程题

1. 编写程序，从键盘输入三个整数，按照从小到大的顺序输出。要求使用指针的方法并且用三种不同方式实现。

2. 编写程序，将数组中 n 个整数按相反的顺序存放后输出。要求使用指针的方法并用两种不同方式实现。

3. 编写程序，从键盘输入三个字符串，按照从小到大的顺序输出。要求使用指针的方法实现。

4. 编写程序，使用指针的方法完成字符串的复制。要求不能使用 strcpy 函数。

5. 编写程序，使用指向一维数组的指针的方法，完成从键盘输入 n 个字符串（例如 10 个国家名）并按字典顺序排列后输出。

6. 编写程序，使用数组和指针的方法，完成将一个 $n \times n$（例如 5×5）的矩阵转置，并且输出最大值及其位置。

7. 编写程序，使用指向指针的指针的方法，完成对 n 个字符串（如 10 个城市名）进行排序。要求从键盘输入 n 个字符串并且把排序编写成函数（用冒泡法和选择法两种方式)。

8. 编写程序,使用指针并利用矩形法编写计算定积分 $\int_a^b f(x)\mathrm{d}x$ 的通用函数。然后利用它分别计算以下三种数学函数的定积分:

(1) $f(x)=x^2-5x+1$

(2) $f(x)=x^3+2x^2-2x+3$

(3) $f(x)=x/(2+x^2)$

第 9 章

结构体与共用体

一、单项选择题

1. 若有如下说明语句,则下面叙述中不正确的是(　　)。

```
struct student
{long num;
 char name[20];
 char sex;
 int age;
} student1;
```

  A) struct 是结构体类型的关键字

  B) struct student 是结构体类型

  C) num、name、sex、age 都是结构体成员名

  D) student1 是结构体类型名

2. 若有如下说明语句,则定义了(　　)。

```
union student
{long num;
 char name[20];
 char sex;
 int age;
};
```

  A) 结构体类型　　B) 结构体变量　　C) 共用体类型　　D) 共用体变量

3. 当定义一个结构体变量时,系统分配给它的内存空间字节数是(　　)。

  A) 各成员所需内存字节数的总和

  B) 结构中第一个成员所需内存字节数

  C) 结构中最后一个成员所需内存字节数

  D) 成员中占内存字节数最大的

4. 有以下三种形式:①结构体变量.成员名,②(*p).成员名,③p—>成员名,其中 p 为指针变量名,为了表示结构体变量中的成员,则下面叙述中正确的是(　　)。

  A) 只能用①或②表示　　　　　　　B) 只能用②或③表示

C) 只能用①或③表示 D) 三种形式均可表示

5. 当定义一个共用体变量时,系统分配给它的内存空间字节数是(   )。
   A) 各成员所需内存字节数的总和
   B) 结构中第一个成员所需内存字节数
   C) 结构中最后一个成员所需内存字节数
   D) 成员中占内存字节数最大的

6. 当定义一个共用体变量时,在任何给定的时刻(   )。
   A) 一个共用体变量可以同时存放其所有成员
   B) 一个共用体变量可以同时存放其多个成员
   C) 一个共用体变量只能存放其某一个成员
   D) 一个共用体变量不能存放其任一个成员

7. 若有以下的语句,则输出结果为(   )。

```
#include <stdio.h>
void main()
{struct dt
   {char a[4];
    int b;
    double c;
   }data;
 printf("%d\n",sizeof(struct dt));
}
```

   A) 15   B) 16   C) 17   D) 18

8. 若有以下的语句,则输出结果为(   )。

```
#include <stdio.h>
typedef union student
{int a;double b;char c;
 }data;
 void main()
 {data aa[10];
  printf("%d\n",sizeof(aa));
}
```

   A) 70   B) 80   C) 90   D) 100

9. 若有以下定义:

```
struct student
{int num;
 char name[20];
 char sex;
 struct{ int month;
         int day;
```

```
        int year;
    }birthday;
};
struct student student1;
```

下面对变量 student1 中"生日"的正确赋值方式是(　　)。

　　A) month=6;　　　　　　　B) student1.month=6;
　　　 day=10;　　　　　　　　　 student1.day=10;
　　　 year=2003;　　　　　　　　student1.year=2003;
　　C) student1.birthday.month=6;　D) birthday.month=6;
　　　 student1.birthday.day=10;　　 birthday.day=10;
　　　 student1.birthday.year=2003;　birthday.year=2003;

10. 若有以下定义,则下面各输入语句中能输出字母 J 的是(　　)。

```
struct student{int num; char name[20];};
struct student school[10000]={{1001,"Mike"},{1002,"James"},{1003,"Kob"}};
```

　　A) printf("%c", school[0].name[0]);
　　B) printf("%c", school[1].name[0]);
　　C) printf("%c", school[2].name[0]);
　　D) printf("%c", school[2].name[1]);

11. 若有以下定义,则下面各输入语句中不正确的是(　　)。

```
struct student
{int num;
 char name[20];
 char sex;
 float score
} student1, *p=&student1;
```

　　A) scanf("%d",&student1.num);
　　B) scanf("%s",&student1.name);
　　C) scanf("%c",&(*p).sex));
　　D) scanf("%f",&(p->score));

12. 若有以下定义,则下面语句中对 student1 的成员 num 正确引用的是(　　)。

```
struct student
{int num;
 char name[20];
 char sex;
 float score;
} student1, *p=&student1;
```

　　A) p.student1.num　　　　　　B) (*p).student1.num
　　C) p->student1.num　　　　　　D) (*p).num

13. 若有以下的说明和语句,则以下的输出结果为(　　)。

```c
#include <stdio.h>
struct person
{char name[30];
 int age;
}student[3]={{"Zhang San",25},{"Li Si",26}, {"Wang Wu",30}};
void  main()
{int i;
 int average,sum=0;
 for(i=0;i<3;i++)
  { sum=sum+student [i].age;
    }
 average=sum/3;
 printf("%d \n", average);
}
```

  A) 25   B) 26   C) 27   D) 30

14. 若有以下的说明和语句,则以下的输出结果为(　　)。

```c
#include <stdio.h>
struct stu
{int num;
 float score;
};
void main()
{ void fun(struct stu temp);
  struct stu student[2]={{1001,650},{1002,550}};
  fun(student[0]);
  printf("%d,%4.0f\n", student[0].num, student[0].score);
}
void fun(struct stu temp)
{struct stu student[2]={{1003,450},{1004,250}};
 temp.num=student[1].num;
 temp.score=student[1].score; }
```

  A) 1001,650   B) 1002,550   C) 1003,450   D) 1004,250

15. 若有以下的说明和语句,则以下的输出结果是(　　)。

```c
#include <stdio.h>
main()
{enum en{em1=2,em2=0,em3};
 char * a[]={"xx","yy","zz"};
 printf("%s%s%s\n",a[em1],a[em2],a[em3]);
}
```

A) xxyyzz   B) yyzzxx   C) zzxxyy   D) zzyyxx

16. 下面对枚举类型的叙述中不正确的是(   )。

   A) 定义枚举类型使用 enum 开头

   B) 枚举元素是常量，它们的值是常数

   C) 枚举元素表中的枚举元素有先后顺序，枚举值可以用来进行比较

   D) 可以把一个整数直接赋给一个枚举变量

17. 输入 35 个学生的学号、姓名和 3 门考试课程的成绩，将总分最高的学生的信息输出。下面选择正确的是(   )。

```
#include <stdio.h>
#define N 35
struct person
{   char num[9],name[10];
    float subject1,subject2,subject3;
}student[N];
void  main()
{   int i,k=0;
    float sum=0;
    for(i=0;i<N;i++)
    {   scanf("%s %s %f %f %f",student[i].num,student[i].name,&student[i].
        subject1,&student[i].subject2,&student[i].subject3);
        if(student[i].subject1+student[i].subject2+student[i].subject3>sum)
        {   sum=student[i].subject1+student[i].subject2+student[i].subject3;
            k=_____;
        }
    }
    printf("%s %s %f %f %f",student[k].num,student[k].name,student[k].
    subject1,student[k].subject2,student[k].subject3);
}
```

   A) 0   B) N   C) i   D) j

18. 若有以下的说明和语句，则以下的输出结果是(   )。

```
#include <stdio.h>
struct stu
  {long num;
   char name[10];
   int age;
  };
void main()
  {void func(struct stu *p);
   struct stu students[3]={{1101,"Liu",21},{1102,"Tao",22},{1103,"Xu",23}};
   func(students+1);
  }
```

```
void func(struct stu *p)
  {printf("%s\n",p->name); }
```
　　A) 1101　　　　　B) Liu　　　　　C) 1102　　　　　D) Tao

19. 在 C 语言中，如果变量中的所有成员都是以覆盖方式共享存储单元，则此变量的类型是(　　)。

　　A) 普通变量　　　B) 数组　　　　C) 结构体类型　　D) 共用体类型

20. 若要说明一个类型名 STR，使得定义语句 STR p;等价于 char * p;，下面选项中正确的是(　　)。

　　A) typedef STR char * p;　　　　B) typedef * char STR;
　　C) typedef STR char *;　　　　　D) typedef char * STR;

二、填空题

1. －＞称为＿＿＿＿运算符，．称为＿＿＿＿运算符。

2. 以下语句的作用是使指针变量 p 指向一个 double 类型的动态存储单元。

```
double *p;
p=(_____)malloc(sizeof(double));
```

3. 结构体变量中的每个成员分别占有独立的＿＿＿＿，因此结构体变量所占内存字节数是各个成员所占内存字节数的总和。

4. 单向链表中的每个结点都包括两个域，一个是数据域，用来存放各种实际的数据；另一个域为指针域，用来存放下一结点的＿＿＿＿。

5. 把不同类型的数据存放到同一段内存单元中，这些不同类型的数据分时共享同一段内存单元。这种用来分时存储不同类型数据的变量就是"＿＿＿＿"类型变量。

6. 在使用变量和数组时，编译程序预先为其分配适当的存储空间，并且在生存期内是固定不变的，这种分配方式称为＿＿＿＿。

7. 在程序运行期间如果需要空间来存储数据，可以申请得到指定的存储空间；但闲置不用时可以随时将其释放，这种分配方式称为＿＿＿＿。

8. ANSI C 为动态存储分配定义了 malloc、calloc、free 和 realloc 等 4 个函数，在使用它们时必须在程序开头包含头文件＿＿＿＿。

9. C 语言提供了"枚举"构造类型。"枚举"就是将变量可能的值＿＿＿＿列举出来。变量的值只能取列举出来的值之一。

10. 关键字 typedef 用于为已有的数据类型定义新名，而不是定义新的＿＿＿＿。

11. 下面程序的输出结果是＿＿＿＿。

```
#include "stdio.h"
union stu
{ int i;
  char c[2];
}student1;
void main()
```

```
{student1.c[0]=0;
 student1.c[1]=1;
 printf("%d\n",student1.i);}
```

12. 下面程序的输出结果是_____。

```
#include "stdio.h"
void main()
{ union dt
    { int i;
      char c[2];
    } data;
  data.c[0]='A';
  data.c[1]=' ';
  printf("%c\n",data.i);}
```

13. 下面程序的输出结果是_____。

```
#include <stdio.h>
struct stu
{int num;
 int * q;};
void main()
{int age[3]={16,17,18};
 struct stu b[3]={{1001,&age[0]},{1003,&age[1]},{1005,&age[2]}};
 struct stu * p=b;
 printf("%d,",++p->num);
 printf("%d,",(++p)->num);
 printf("%d",++(p->num));}
```

14. 结构数组中有三个学生的姓名和年龄,输出年龄最大的联系人的姓名和年龄。

```
#include <stdio.h>
struct stu
  {int num;
   char name[30];
   int age;
  } student[3]={{1001,"li",18},{1002,"wang",19},{1001,"zhang",20}};
void main()
  {struct stu * p, * q;
   int oldest=0;
   p=student;
   for(;p<student+3;p++)
     if(_____>oldest) {oldest=p->age;q=p;}
   printf("%d,%s,%d",q->num,q->name,q->age);
  }
```

15. 下面程序的功能是建立一个拥有 5 个结点的并且不带头结点的单向链表,新产生的结点总是插在第一个结点之前,最后输出链表中的数据。

```c
#include <stdio.h>
#include <stdlib.h>
struct stu
  {int num;
   char name[30];
   struct stu * next;
  };
void main()
  {struct stu * head, * p;
   int i;
   head=NULL;
   for(i=0;i<5;i++)
     {p=(struct stu * )malloc(sizeof(struct stu));
      scanf("%d,%s",&p->num,p->name);
      p->next=head;
      head=p;
     }
    while(p!=NULL)
      {printf("%d,%s\n",p->num,p->name);
   _____}
  }
```

三、判断题

1. 结构体是一种构造类型,它是由若干相互关联的成员组成的。每一个成员可以是一个基本数据类型,也可以是数组、指针,或者又是一个构造类型。（   ）

2. 运算符->是由连字符和大于号组成的字符序列,它们要连在一起使用。（   ）

3. 在定义结构体变量时成员名不可以与程序中其他变量同名。（   ）

4. 如果要存取嵌套结构中最内层结构变量的成员,就要连续的使用.运算符,即从外层结构变量找到内层结构变量,逐层存取,直至最内层的成员。（   ）

5. C 语言中不允许用结构体变量作函数参数进行整体传送。（   ）

6. malloc 函数的功能是在内存的动态存储区中分配一块长度为 size 字节的连续区域。（   ）

7. 函数 free(p)的功能是释放指针 p 所指向的存储空间。（   ）

8. 共用体类型变量只能存储相同类型数据的变量,不能存储不同类型数据的变量。（   ）

9. 共用体的长度是成员列表中最大长度的成员长度。（   ）

10. 共用体类型的多个成员在内存中是首地址相同的,因此可以同时访问共用体成员。（   ）

四、改错题

1. 下面程序的功能是求学生成绩的总和。

```
#include <stdio.h>
struct stu
{char num[10];
 float score[2];
};
void main()
{struct stu student[3]={{"20021",80,90},{"20022",70,80},{"20023",60,70}};
 struct stu p=student;
 int i;
 float sum=0;
 for( ;p<student+3;p++)
   for(i=0;i<2;i++)
     sum=sum+p->score[i];
 printf("%7.2f\n",sum);}
```

错误语句：

正确语句：

2. 下面程序的功能是输出链表中所有结点的数据。

```
#include <stdio.h>
struct person
{int num;
 char name[20];
 struct person * next;
};
void output_list (struct person * head)
{struct person * p;
 p=head;
 while(p!=NULL)
   {printf("%d,%s\n",p->num,p->name);
    p=head->next;}
}
```

错误语句：

正确语句：

五、编程题

1. 编写程序，建立一个结构体，其成员包括员工号、姓名、工资，通过键盘输入数据并且进行打印输出。

2. 编写程序,使用结构体数组存放表 2-9-1 中员工的工资数据,然后输出每个员工的员工号、姓名和实发工资(实发工资＝基本工资＋岗位工资－扣款)。

3. 按第 2 题的结构体类型定义一个有 N 名职工的结构体数组,并计算这 N 名职工的工资总和以及平均工资。

表 2-9-1 员工的工资数据

员工号	姓 名	基本工资	岗位工资	扣 款
1000	Mary	1000.00	500.00	50.00
1001	Tom	1500.00	800.00	63.00
1002	Lucy	2000.00	1000.00	72.00
1003	Mike	3000.00	2500.00	120.00

4. 编写程序,建立一个结构体数组并存放 40 名学生的学号、姓名、性别、年龄和三门课程的成绩,找出成绩最好的学生并输出信息。

5. 编写程序,输入 40 个学号、姓名、年龄、家庭住址,并存放在一个结构数组中,找出年龄最小和年龄最大的学生并输出信息。

6. 编写程序,建立一个名字为 player 的结构体,其成员包括运动员姓名 name、运动队名 team、平均运动成绩 avg。

(1) 编写一个名为 input_player 的函数,输入运动员的信息,要求以结构体作为参数。

(2) 编写一个名为 input_player 的函数,输入运动员的信息,要求以结构体指针作为参数。

7. 编写程序,建立一个结构体实现统计选举候选人选票的数量。

8. 编写程序,统计通讯录链表中结点的个数。

9. 编写程序,从键盘输入 10 个整数分别作为链表的数据域建立一个单链表,并编写删除一个指定结点的函数。

第10章

文 件

一、单项选择题

1. 在C语言中,FILE *p 是将 p 定义为文件型指针。其中 FILE 的定义是在头文件( )。
   A) stdio.h   B) math.h   C) ctype.h   D) string.h

2. 文件的使用方式是指对打开文件的访问形式,其中方式"a"的含义是( )。
   A) 只读   B) 只写   C) 读写   D) 追加

3. 若以只写方式打开一个二进制文件,需要选择的文件的使用方式是( )。
   A) "r+"   B) "rb"   C) "w+"   D) "wb"

4. 在进行文件操作时,读文件的含义( )。
   A) 将计算机内存的信息存入到磁盘的文件中
   B) 将磁盘中文件的内容存入到计算机的硬盘
   C) 将磁盘中文件的内容存入到计算机的内存
   D) 将磁盘中文件的内容显示到计算机的屏幕上

5. 如果结束执行程序并返回到操作系统状态下,使用的函数是( )。
   A) fclose( )   B) exit( )   C) feof( )   D) ferror( )

6. 在C语言中,下面关于文件的存取方式正确的叙述是( )。
   A) 只能从文件的开头存取
   B) 可以顺序存取,但不可以随机存取
   C) 不可以顺序存取,但可以随机存取
   D) 可以顺序存取,也可以随机存取

7. 下列关于C语言数据文件的叙述中正确的是( )。
   A) 文件由 ASCII 码字符序列组成,C语言只能读写文本文件
   B) 文件由二进制数据序列组成,C语言只能读写二进制文件
   C) 文件由记录序列组成,可按数据的存放形式分为二进制文件和文本文件
   D) 文件由数据流形式组成,可按数据的存放形式分为二进制文件和文本文件

8. 在C语言中,读写操作时需要进行转换的文件是( )。
   A) 二进制文件
   B) 文本文件
   C) 二进制文件和文本文件都需要转换
   D) 二进制文件和文本文件都不需要转换

9. 在C语言中,下面关于文件操作正确的叙述是( )。
    A) 对文件操作时,必须先检查文件是否存在,然后再打开文件
    B) 对文件操作时需要先打开文件
    C) 对文件操作时需要先关闭文件
    D) 对文件操作时打开和关闭文件的顺序没有要求

10. 为了进行写操作而打开二进制文件wr.dat的正确写法是( )。
    A) fp=fopen("wr.dat","r");   B) fopen("wr.dat","rb");
    C) fp=fopen("wr.dat","w");   D) fopen("wr.dat","wb");

11. 为了打开D盘上子目录program下名字为my.txt的文本文件进行读写操作,正确写法是( )。
    A) fopen("D:\program\my.txt","r")
    B) fopen("D:\\program\\my.txt","r+")
    C) fopen("D:\program\my.txt","rb")
    D) fopen("D:\\program\\my.txt","w")

12. 若以a+方式打开一个已存在的文本文件,下面的文件操作正确的叙述是( )。
    A) 打开文件时,原有的内容被删除,只能做读操作
    B) 打开文件时,原有的内容被删除,只能做写操作
    C) 打开文件时,原有的内容被保留,位置指针移到文件开头,可做重写和读操作
    D) 打开文件时,原有的内容被保留,位置指针移到文件末尾,可做添加和读操作

13. 若fp是指向某文件的指针,并且读取文件时已读到此文件末尾,则库函数feof(fp)的返回值是( )。
    A) NULL   B) EOF   C) 0   D) 非零值

14. 在C语言中,标准库函数fread(buf,size,count,fp)中参数buf的含义是( )。
    A) 一个文件指针,指向要读的文件
    B) 一个指针,指向要读入数据的存放地址
    C) 一个整型变量,代表要读入的数据总数
    D) 一个存储区,存放要读的数据项

15. 在C语言中,标准库函数fwrite(buf,size,count,fp)的功能是( )。
    A) 从buf所指向的文件中读取长度为size的count个数据项存入fp起始的内存
    B) 从fp所指向的文件中读取长度为size的count个数据项存入buf起始的内存
    C) 把buf起始的内存中长度为size的count个数据项输出到fp所指向的文件中
    D) 把fp起始的内存中长度为size的count个数据项输出到buf所指向的文件中

16. 在C语言中,标准库函数fgets(buf,n,fp)的功能是( )。
    A) 从fp所指向的文件中读取长度不超过n-1的字符串存入指针buf起始的

内存

B) 从 fp 所指向的文件中读取长度为 n-1 的字符串存入指针 buf 起始的内存

C) 从 fp 所指向的文件中读取长度为 n 的字符串存入指针 buf 起始的内存

D) 从 fp 所指向的文件中读取 n 个字符串存入指针 buf 起始的内存

17. 在 C 语言中,标准库函数 fputs(buf,fp)的功能是(　　)。

A) 从 buf 所指向的文件中读取一个字符串存入 fp 起始的内存

B) 从 fp 所指向的文件中读取一个字符串存入 buf 起始的内存

C) 从 buf 起始的内存中读取一个字符串输出 fp 所指向的文件中

D) 从 fp 起始的内存中读取一个字符串输出 buf 所指向的文件中

18. 下面的语句中,将 fp 定义为文件型指针的是(　　)。

A) file fp;　　　　B) file * fp;　　　　C) FILE fp;　　　　D) FILE * fp;

19. 下面程序的功能是(　　)。

```
#include <stdio.h>
#include <stdlib.h>
void main()
{FILE * fp1, * fp2;
  if((fp1=fopen("c:\\xxx\\file.c","r"))==NULL)
    {printf("cannot open file in disk c\\n");exit(0);}
  if((fp2=fopen("d:\\file.c","w"))==NULL)
    {printf("cannot open file in disk d\n");exit(0);}
  while(!feof(fp1))
    fputc(fgetc(fp1),fp2);
  printf("copy success!\n");
  fclose(fp1); fclose(fp2);}
```

A) 将 c 盘 xxx 子目录下 file.c 文件复制到 d 盘 xxx 子目录下 file.c 文件中

B) 将 d 盘 xxx 子目录下 file.c 文件复制到 c 盘 xxx 子目录下 file.c 文件中

C) 将 c 盘根目录下 file.c 文件复制到 d 盘 xxx 子目录下 file.c 文件中

D) 将 c 盘 xxx 子目录下 file.c 文件复制到 d 盘根目录下 file.c 文件中

20. 函数 rewind 的作用是(　　)。

A) 使文件位置指针自动移至下一个字符位置

B) 使文件位置指针重新返回文件的开始位置

C) 使文件位置指针指向文件的末尾

D) 将文件位置指针指向文件中的任意位置

21. 函数调用语句 fseek(fp,6L,0);的含义是(　　)。

A) 将读写位置指针从当前位置向文件开始处移动 6 个字节

B) 将读写位置指针从当前位置向文件末尾处移动 6 个字节

C) 将读写位置指针从文件开始处向文件末尾处移动 6 个字节

D) 将读写位置指针从文件末尾处向文件开始处移动 6 个字节

22. 下面程序的输出结果是(　　)。

```
#include <stdio.h>
void main()
{ FILE * fp;
  int i,a[8]={1,2,3,4,5,6,7,8};
  if((fp=fopen("d:\\xxx\\file.dat","w+b")) ==NULL)
      {printf("无法打开文件！\n"); exit(0); }
  fwrite(a, sizeof(int), 8, fp);           /*将数组中的信息写入文件中*/
  fseek(fp,sizeof(int) * 4, SEEK_SET);
  fread(a, sizeof(int), 4, fp);            /*将文件中的信息读取到数组中*/
  fclose(fp);
  for(i=0; i<8; i++)
    printf("%d,",a[i]);
}
```

  A) 1,2,3,4,1,2,3,4   B) 1,2,3,4,5,6,7,8
  C) 5,6,7,8,5,6,7,8,   D) 5,6,7,8,1,2,3,4

23. 若已经定义 x 和 y 均为整型变量，它们的值相等并且为非 0 值，则以下选项中，结果为零的表达式是（　　）。

  A) x&y   B) x|y   C) x^y   D) x||y

24. 下面程序的输出结果是（　　）。

```
#include <stdio.h>
void main()
{int a,b,c,d;
 a=4&3;
 b=4|3;
 c=4^3;
 d=~4&3;
 printf("%d %d %d %d \n",a,b,c,d);
}
```

  A) 7 7 0 3   B) 7 7 3 0   C) 0 3 7 7   D) 0 7 7 3

25. 下面程序的输出结果是（　　）。

```
#include <stdio.h>
void main()
{int a,b,c,d;
 a=15&15;
 b=15|15;
 c=15^15;
 d=~15&15;
 printf("%d %d %d %d \n",a,b,c,d);
}
```

  A) 0 0 15 15   B) 0 15 0 15   C) 15 15 0 0   D) 15 0 15 0

二、填空题

1. 通常程序都会有输入与输出,如果输入输出的数据量不大,可以通过键盘输入,通过显示器输出。但是如果需要处理的数据量较大,_____则是有效的解决方法。

2. 可以通过文件存放在介质上的_____以及文件名来对文件进行访问。

3. 在进行文件操作时,读文件的含义是将磁盘文件的内容存入到计算机的_____。

4. 从文件编码的方式来看,文件分为 ASCII 码文件(也称文本文件)和_____文件。

5. C 语言源程序是文本文件,C 程序的目标文件和可执行文件是_____文件。

6. 把一个文本文件读入内存时,要将 ASCII 码转换成二进制码,而把文件以文本方式写入磁盘时,也要把二进制码转换成 ASCII 码,因此文本文件的读写要花费较多的转换时间。而对_____文件的读写不存在这种转换。

7. 按文件的处理方法,文件可分为缓冲文件系统和_____。

8. _____是系统在内存中为各文件开辟的一片存储区,当进行读文件操作时,从磁盘文件中先将一批数据读入此存储区,再从此存储区逐个地将数据传给接收数据的程序变量;进行写文件操作时,先将数据写入此存储区,等此存储区装满后再将数据一起写入磁盘文件。这样使得读、写操作不必频繁地访问外设,提高了读、写操作速度。

9. 若已经定义 FILE * fp;,则关闭 fp 对应文件的语句是_____。

10. 对打开的文件进行写入时,若文件缓冲区的空间未被写入的内容填满,这些内容就不会写到打开的文件中,如果此时程序结束则数据丢失。只有对打开的文件进行_____操作时,停留在文件缓冲区的内容才能写到该文件中。

11. exit 函数的作用是结束执行程序,返回到_____状态下。

12. 利用 EOF 只能判断文本文件是否结束。而利用_____函数既可以判断文本文件是否结束,也可以判断二进制文件是否结束。

13. _____函数是从磁盘上文本文件中按照格式输入。它的使用方式和 scanf() 函数基本一致,只是读的对象由终端变为磁盘文件。

14. 通过调用 C 语言的库函数将文件内部的位置指针移动到需要读写的位置,再进行读写,这种读写方式称为_____存取。

15. 下面程序的功能是把从键盘输入的字符依次输出到一个名为 filename.c 的磁盘文件中(用@作为文本结束标志),同时在屏幕上显示这些字符。

```
#include <stdio.h>
#include <stdlib.h>
void main()
{FILE * fp;
 char ch;
 if((fp=fopen("filename.c","w"))==NULL)
    {printf("cannot open file\n");
```

```
        exit(0); }
    while((ch=getchar())!='@')
      {fputc(ch,_____);
       putchar(ch); }
    fclose(fp);
}
```

16. 下面程序的功能是将已经存在的 c 盘 xxx 子目录下 filename1.c 文件打开,然后显示在屏幕上,再将其复制到 filename2.c 文件中。

```
#include <stdio.h>
#include <stdlib.h>
void main()
{ FILE *fpin,*fpout;
  fpin=fopen("c:\\xxx\\filename1.c","r");
  fpout=fopen("filename2.c","_____");
  while(!feof(fpin))
    putchar(fgetc(fpin));
  rewind(fpin);
  while(!feof(fpin))
    fputc(fgetc(fpin),fpout);
  fclose(fpin);
  fclose(fpout);
}
```

17. 下面程序的功能是将数组 x 的 4 个元素和数组 y 的 6 个元素写到名为 filename1.txt 二进制文件中。

```
#include <stdio.h>
#include <stdlib.h>
void main()
{ FILE *fp;
  char x[]="abcd",y[]="efghij";
  if((fp=fopen("filename1.txt","wb"))==NULL)
    {printf("cannot open file\n");
     exit(0);
    }
  fwrite(x,sizeof(char),4,fp);
  fwrite(y,_____*sizeof(char),1,fp);
  fclose(fp);
}
```

18. 下面的程序执行后,文件 filename.txt 中的内容是_____。

```
#include <stdio.h>
#include <string.h>
```

```
void fun(char * fname,char * st)
{FILE * fp;
 int i;
 fp=fopen("filename.txt","w");
 for(i=0;i<strlen(st);i++)
   fputc(st[i],fp);
 fclose(fp);
}
void main()
{fun("file","How are you?");
 fun("file","Fine,thank you!");
}
```

19. 若已经定义变量 x 是二进制数 00101101，如果想通过异或运算 $x\wedge y$ 使 x 的高 4 位取反，低 4 位不变，则二进制数 y 应是_____。

20. 下面程序的输出结果是_____。

```
#include <stdio.h>
void main()
{int a=3,b=7,c;
 c=a^b<<2;
 printf("%d\n",c);
}
```

三、判断题

1. 在进行文件操作时，写文件的含义是将计算机内存中的内容写入到磁盘文件。
   （   ）
2. FILE 类型是用 typedef 重新命名的，并且在头文件 stdio.h 中定义。（   ）
3. 文件使用后不必关闭文件，因为文件可以自动关闭。（   ）
4. fputc 函数的功能是向一个已将打开方式指定为写或读写的文件中写入一个字符。（   ）
5. fgetc 函数的功能是从一个已将打开方式指定为读或读写的文件中读取一个字符串。（   ）
6. 函数 fread 和 fwrite 可以对数组或结构体等类型的数据进行一次性读写。（   ）
7. 顺序读写指读写文件时只能从文件开头开始，从头到尾顺序地读写各个数据。
   （   ）
8. rewind(fp) 函数的作用是使文件位置指针移到文件的结尾处。（   ）
9. fseek() 函数可以准确定位文件位置指针以实现对文件的随机读写。（   ）
10. C 语言允许直接访问物理地址，能对字节或字以内的二进制数位进行位操作。
    （   ）

四、改错题

下面程序的功能是统计一个已存在c盘xxx子目录下filename1.txt文本文件中含有英文字母的个数。

```
#include <stdio.h>
#include <ctype.h>
#include <stdlib.h>
void main()
{FILE * fp;
 char ch;
 int num=0;
 if((fp=fopen("c:\\xxx\\filename1.txt","r"))==NULL)
    {printf("cannot open file\n");
     exit(0);
    }
 while((ch=fgetc(fp))!=EOF)
   {if(isalpha(ch))
     num++;}
 printf("There are %d alphas",num);
 fclose();
}
```

错误语句：

正确语句：

五、编程题

1. 编写程序，打开由大写字母组成的big.txt文件，将大写字母转换为小写字母后写入small.txt文件。

2. 编写程序，从键盘输入10个学生的数据（包括学号、姓名和4门课程的成绩），然后计算平均成绩，并将所有的数据存到磁盘文件std中。

3. 将第2题中std文件中的学生数据，按照平均成绩进行升序排序，然后将排序后的数据存到磁盘文件std_sort中。

4. 编写程序，在磁盘文件中含有10个学生的数据（包括学号、姓名和年龄），将第2、第4、第6、第8和第10个学生的数据输出到显示器上。

5. 编写程序，实现十六进制数的循环左移输出，每次移动一位，直至回到原值。如将十六进制数5678进行循环左移输出则结果为6785、7856、8567、5678。

附录 A

Visual C++ 6.0 开发环境概述

单击"开始"→"程序"→Microsoft Visual Studio 6.0→Microsoft Visual C++ 6.0 打开如图 A-1 所示的工作界面,界面由标题栏、菜单栏、工具栏、项目工作区窗口、文档编辑窗口、输出窗口以及状态栏、输出窗口标签等组成,这是未装入工程文件的显示界面。

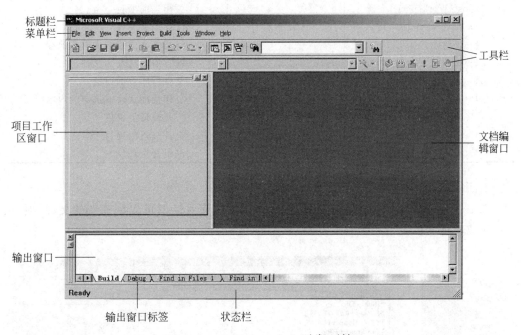

图 A-1 Visual C++ 6.0 开发环境

工作界面是程序员同 Visual C++ 6.0 的交互界面,通过它程序员可以访问 C++ 源代码编辑器、资源编辑器,使用内部调试器,并可以创建工程文件。这里将介绍 Visual C++ 6.0 的用户界面,并对各种常用的窗口、菜单、按钮的意义和功能做较为详细的介绍,而对那些较少用到且只要求高级程序员掌握的内容则仅做简要的介绍。

因为菜单栏是由若干个菜单组成的,每个菜单又由多个选项或子菜单构成,程序员与开发界面打交道的大部分操作是通过菜单栏中的命令来完成的,因此在进行程序设计之前,先了解各个菜单命令的基本功能是很有必要的。

此外,在窗口的不同地方右击(即单击鼠标右键)也可以弹出相应的快捷菜单,通过快捷菜单可以执行与所处环境相关的命令。若在工具栏上右击,通过它可以增减工具栏上的工具。

1. File 菜单

File 菜单中的命令主要用来对文件和项目进行操作。图 A-2 所示是 File 菜单中的各条命令,其中各项命令的功能描述如表 A-1 所示。

表 A-1　各项命令的功能描述

命　令	快　捷　键	功　能　描　述
New	Ctrl+N	创建一个新项目或文件
Open	Ctrl+O	打开已有的文件
Close		关闭当前文件
Open Workspace		打开已有的项目
Save Workspace		保存当前项目
Close Workspace		关闭当前项目
Save	Ctrl+S	保存当前文件
Save as		将当前文件用新文件名保存
Save all		保存所有打开的文件
Page Setup		文件打印页面设置
Print	Ctrl+P	打印当前文件或选定的内容
Recent Files		打开最近的文件
Recent Workspaces		打开最近的项目
Exit		退出开发环境

下面以 New 命令为例进行简单介绍。

选中 New 选项打开对话框,如图 A-3 所示,使用该对话框可以创建新的文件、项目、工作区或其他文档。

图 A-2　File 菜单

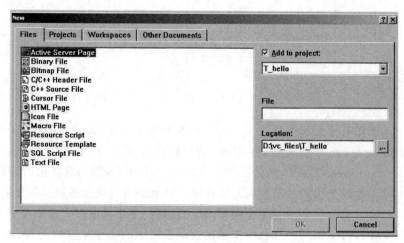

图 A-3　New 对话框的 Files 选项卡

(1) Files 选项卡

通过 Files 选项卡可以创建各种文件,如要将创建的文件添加到已有的项目中,选中 Add to project 复选框并选择项目名即可。可创建的文件类型如表 A-2 所示。

表 A-2 Visual C++ 6.0 可创建的文件类型

可创建的文件类型	文件类型说明	可创建的文件类型	文件类型说明
Active Server Page	活动服务器	Icon File	图表文件
Binary File	二进制文件	Macro File	宏文件
Bitmap File	位图文件	Resource Script	资源脚本文件
C/C++ Header File	C 文件或 C++ 头文件	Resource Template	资源模板文件
C++ Source File	C++ 源文件	SQL Script File	SQL 脚本文件
Cursor File	光标文件	Text File	文本文件
HTML Page	HTML 文件		

(2) Projects 选项卡

通过 Projects 选项卡可以创建新的 Visual C++ 6.0 工程文件。选择一种给定的工程文件类型,并输入工程文件的名称、存放路径及程序员的平台类型(Platforms,默认为 Win32),若要添加新项目到已打开的工作区中应选择 Add to Current Workspace 按钮。选中 Dependency of 复选框可使新项目成为已有项目的子项目。表 A-3 是 Visual C++ 6.0 可创建的项目类型。

表 A-3 Visual C++ 6.0 可创建的项目类型

可创建的项目类型	类型说明	可创建的项目类型	类型说明
ATL COM AppWizard	ATL 应用程序	MFC AppWizard(dll)	MFC 动态链接库
Cluster Resource Type Wizard	可创建 Resource DLL 和 Cluster Administrator Extension Dll 两种项目类型	MFC AppWizard(exe) Utility Project	MFC 可执行程序 不包含任何文件;创建的项目作为其他子项目的包容器,可减少子项目的编辑、连接时间
Custom AppWizard	自定义的 AppWizard	Win32 Application	Win32 应用程序
Database Project	数据库项目	Win32 Console Application	Win32 控制台应用程序
DevStudio Add-in Wizard	自动嵌入执行文件的宏	Win32 Dynamic-link library	Win32 动态链接库
ISAPI Extension Wizard	Internet 服务器、过滤器	Win32 Static library	Win32 静态库
Makefile	Make 文件		
MFC ActiveX Control-Wizard	ActiveX 控件程序		

(3) Workspaces 选项卡

通过此选项卡可创建新的工作区。

（4）Other Documents 选项卡

可创建新的文档，如要将创建的文档添加到已有的项目中，选中 Add to project 复选框并选择项目名即可。

2. Edit 菜单

Edit 菜单中的命令是用来使用户便捷地编辑文件内容的，如图 A-4 所示，其中的各项命令的快捷键及它们的功能描述如表 A-4 所示。

（1）Breakpoints 选项

用于设置、删除和查看断点。断点分为位置（Location）、数据（Data）、消息（Message）三种类型。位置断点在源代码的指定行、函数的开始或指定的内存地址处设置。当程序执行到指定位置时，将中断程序的执行。若设置了 Condition 按钮的断点条件，则仅当指定条件的值为真时中断程序的执行。数据断点在某一变量或表达式上设置，当变量或表达式的值变化时，将中断程序的执行。消息断点在窗口函数 WndProc 上设置，当接到指定的消息时，将中断程序的执行。

图 A-4 Edit 菜单

表 A-4 命令的快捷键及它们的功能描述

命　　令	快　捷　键	功　能　描　述
Undo	Ctrl＋Z	撤销上一次操作
Redo	Ctrl＋Y	恢复被撤销的操作
Cut	Ctrl＋X	剪切选定的内容，并复制到剪贴板
Copy	Ctrl＋C	将选定的内容复制到剪贴板
Paste	Ctrl＋V	将剪贴板中的内容粘贴到光标处
Delete	Del	删除选定的内容或光标处的字符
Select All	Ctrl＋A	选定当前窗口的全部内容
Find	Ctrl＋F	查找字符串，光标停留该处
Find in Files		在指定的多个文件（夹）中查找字符串
Replace	Ctrl＋H	替换指定的字符串
Go To	Ctrl＋G	将光标移到指定位置
Bookmarks	Alt＋F2	在光标处定义一个书签
Advanced		编辑操作的一些功能，如大小写转换等
Breakpoints	Alt＋F9	在程序中设置断点
List Members	Ctrl＋Alt＋T	启用智能感知的列成员功能
Type Info	Ctrl＋T	启用智能感知的显示列类型显示功能
Parameter Info	Ctrl＋Shift＋Space	启用智能感知的显示参数信息功能
Complete Word	Ctrl＋Space	启用智能感知的完成单词功能

（2）List Members 选项

使用该选项可减轻程序员输入源程序代码的负担。代码输入时，在变量名后输入.或

→,系统会自动列表显示有效的成员名,只要输入成员名的前几个字母就可选中该成员,按 Tab 键可完成输入,也可用鼠标双击输入。

3. View 菜单

View 菜单中的命令主要用来改变窗口和工具栏的显示方式,激活调试时所用的各个窗口等。如图 A-5 所示,其中的各项命令的功能描述如表 A-5 所示。

表 A-5　View 菜单各项命令的功能描述

命　　令	快　捷　键	功　能　描　述
ClassWizard	Ctrl+W	弹出类编辑对话框
Resource Symbols		显示、编辑资源文件中的资源符号
Resource Includes		修改资源包含文件
Full Screen		切换到全屏显示
Workspace	Alt+0	显示激活项目工作区窗口
Output	Alt	显示激活项目输出窗口
Debug Windows		操作调试窗口
Refresh		刷新选定对象的内容
Properties	Alt+Enter	编辑选定对象的属性

下面以 ClassWizard 命令为例进行简单介绍。

选中 ClassWizard 选项弹出 MFC ClassWizard 对话框,如图 A-6 所示,包括以下 5 个选项卡。

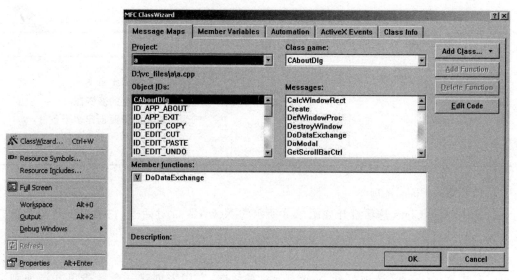

图 A-5　View 菜单　　　　　　图 A-6　MFC ClassWizard 对话框

(1) Message Maps 选项卡

映像消息给出与窗口、对话框、控件、菜单选项和加速键有关的处理函数,创建或删除消息处理函数,查看已经拥有消息处理函数的消息并跳转到相应的处理代码中去。

（2）Member Variables 选项卡

定义成员变量用于自动初始化、收集并验证输入到表单视图（Form View）中的数据，其中 Control IDs 是映像到成员变量的控件 ID 值，Type 是成员变量的类型，Member 是成员变量名。

（3）Automation 选项卡

创建新类时添加自动化方法和属性。其中 External Names 列出的是已经添加到当前类中的自动化方法和属性的名称，Implementation 显示的是 External Names 中的方法和属性是怎样实现的（S＝Stock property，C＝custom，M＝method，bold typeface＝the default property）。

（4）ActiveX Events 选项卡

ActiveX Events 选项卡是用来添加事件的。MSMQ 仅有两种事件（Event）：Arrived 和 ArrivedError，当消息（Message）或者错误（Error）到达消息队列时，MSMQEvent 就将这两种事件激活。

（5）Class Info 选项卡

Class Info 选项卡是用来提供有关类的信息的。

4. Insert 菜单

Insert 菜单中的命令主要用于项目及资源的创建和添加，如图 A-7 所示。表 A-6 列出了 Insert 菜单的各项命令的快捷键及它们的功能。

图 A-7　Insert 菜单

表 A-6　Insert 菜单命令的快捷键及它们的功能描述

命　　令	快　捷　键	功　　能
New Class		插入一个新类
New Form		插入一个新的表单类
Resource	Ctrl＋R	插入指定类型的新资源
Resource Copy		为所选定的资源创建多个备份
File As Text		在光标位置插入文本文件
New ATL Object		插入一个新的 ATL 对象

（1）New Class 选项

选中 New Class 选项打开如图 A-8 所示的 New Class 对话框，它用来创建一个新类并添加到项目中。

（2）New Form 选项

选中 New Form 选项打开 New Form 对话框，它用来创建一个新表单并添加到项目中。

（3）Resource 选项

选中 Resource 选项打开 Insert Resource 对话框，它用来创建一个新资源或插入到资源文件中。

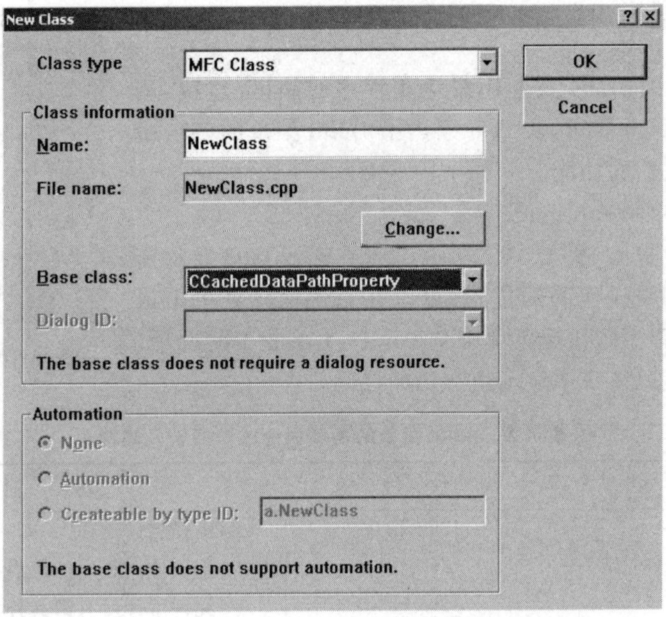

图 A-8 New Class 对话框

5. Project 菜单

通过 Project 菜单可以创建、修改和存储正在编辑的工程文件，工程文件是一种机制，它组合了一个应用程序的所有源文件的组成部分（应用程序可以是 Windows 程序、DLL，也可以是 LIB 文件）。工程文件实际上包含在有以 MAK 为扩展名的文件中，并非所有的 MAK 文件都是 Visual C++ 工程文件。使用 AppWizard 是创建工程文件的一种方法，它同时可以创建与 Visual C++ 兼容的工程文件，或者只能用 NMake 使用的工程文件。下面说明如图 A-9 所示的 Project 菜单的选项。表 A-7 列出了 Project 菜单的各项命令的快捷键及它们的功能。

图 A-9 Project 菜单

表 A-7 Project 菜单的各项命令的快捷键及功能

命　令	快　捷　键	功　能
Set Active Project		激活指定工作区的项目
Add To Project		将组件、外部文件添加到当前项目中
Dependencies		编辑当前项目的依赖关系
Settings	Alt+F7	修改当前编译或调试项目的一系列配置
Export Makefile		生成当前可编译项目的.MAK
Insert Project into Workspace		将项目加入到项目工作区

6. Build 菜单

Build 菜单中的命令主要用来应用程序的编译、连接、调试、运行,如图 A-10 所示,表 A-8 列出了 Build 菜单的各项命令的快捷键及它们的功能。

(1) Compile ✳✳✳.h 选项

编译过程检查出"警告"或"错误",将在输出窗口显示错误信息。为得到错误代码的位置,可以在错误信息处单击鼠标右键,然后在弹出的快捷菜单中选 Go To Error/Tag 选项,这样就能在源代码窗口中显示出有错的代码行。

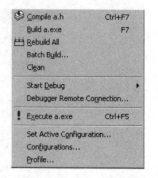

图 A-10 Build 菜单

表 A-8 Build 菜单的各项命令的快捷键及功能

命　　令	快　捷　键	功　　能
Compile ✳✳✳.h	Ctrl+F7	编译当前文件
Build ✳✳✳.exe	F7	生成应用程序的可执行文件
Rebuild All		允许编译所有源文件
Batch Build		能单步建立多个项目文件
Clean		删除项目的中间文件和输出文件
Start Debug		启动调试器
Debugger Remote …		编辑远程调试链接
Execute ✳✳✳.exe	Ctrl+F5	执行应用程序
Set Active Config		设置当前项目的配置
Configurations		设置、修改项目的配置
Profile		为当前应用程序选定剖析器

注:✳✳✳表示编辑的文件名。

(2) Build 选项

用 Build 可以大大减少编译、连接这个应用程序所花的时间。此菜单选项查看所有的文件,只对最近修改过的源文件进行编译和链接。如果没有创建错误,将调用其他的工程文件建立工具来创建最后的工程文件。

(3) Batch Build 选项

选择该选项能单步重新建立多个工程文件。用户可以指定要建立的项目。在默认状态下,Visual C++ 提供了两种目标应用程序类型:Win32 Release(发行版)和 Win32 Debug(调试版)。如果在主应用程序之外工程文件还包括.DLL 文件或.LIB 文件,并且希望重新建立工程文件的所有部分,那么这个菜单选项是非常有用的。

(4) Clean 选项

删除项目的中间文件和输出文件。如果遇到小项目占有大量磁盘空间时,可利用该功能选项。

7. Tools 菜单

Tools 菜单中的命令主要用于选择或定制开发环境中的一些实用工具，如图 A-11 所示；其中除了 Visual C++ 6.0 的组件外，其余的各项命令的快捷键及功能描述如表 A-9 所示。

表 A-9 各项命令的快捷键及功能描述

命 令	快 捷 键	功 能
Source Browser	Alt+F12	浏览对指定对象的查询及设置
Close Source Browser		关闭浏览信息文件
Customize		定制菜单及工具栏
Options		改变开发环境的各种设置
Macro		进行宏操作
Record Quick Macro	Ctrl+Shift+R	录制新的宏
Play Quick Macro	Ctrl+Shift+P	运行新录制的宏

下面以 Options 命令为例进行简单介绍。

选择 Options 选项打开 Options 对话框，可对 Visual C++ 6.0 的环境设置（如调试器设置、窗口设置、目录设置、工作区设置、兼容性设置和格式设置等）进行更改。Options 对话框中有如图 A-12 所示的选项卡。

图 A-11 Tools 菜单

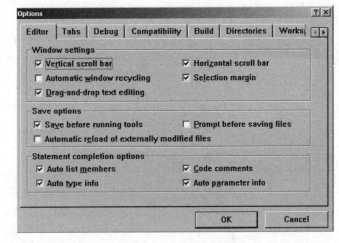

图 A-12 Options 对话框

(1) Editor 选项卡

通过该选项卡可以设定编辑窗口格式（滚动条、编辑模式、窗口再循环等）存储选项，以及表述完成选项（Auto List Member、Auto Type Info、Auto Parameter Info、Code Comments 等 Edit 菜单中的几个选项的自动功能设置），如图 A-12 所示。

(2) Debug 选项卡

可以为 Disassembly、Registers、Call Stack 和 Memory 等编译选项配置窗口。还允许 Just-in-Time 调试模式和远程调试。

（3）Compatibility 选项卡

设置 Visual C++ 6.0 的兼容性。

（4）Build 选项卡

建立工程文件的设置。

（5）Directories 选项卡

可使用该选项卡为每个平台设定 Executable、Include、Library 和 Source 文件的默认目录。

（6）Workspace 选项卡

可在此选项卡中配置工作空间，Docking Views 列表框中列出了处于当前状态的窗口，用户可以设置这些窗口（Output、Watch、Locals、Registers、Memory、Call Stack、Disassembly 和 Workspace）的打开或关闭状态。

（7）Data View 选项卡

该选项卡可以设置用于 Microsoft SQL Server 和 Oracle Databases 的查询（Queries）和存储过程（Stored Procedures）。

8. Visual C++ 6.0 的工具栏

工具栏是图形化的操作界面，由一些操作按钮组成，分别对应着菜单选项的命令或功能。使用时用鼠标单击按钮就可以完成相应功能，如图 A-13 所示。其功能如表 A-10 所示。

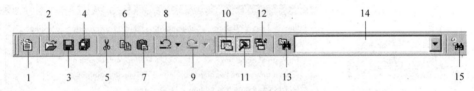

图 A-13　Visual C++ 6.0 的工具栏

表 A-10　标准工具栏及功能

序　号	命　　令	功　　能
1	New Text File	新建一个文本文件
2	Open	打开已存在的文件
3	Save	保存当前文件
4	Save All	保存所有打开的文件
5	Cut	剪切选定的内容，并复制到剪贴板
6	Copy	将选定的内容复制到剪贴板
7	Paste	将剪贴板中的内容粘贴到光标处
8	Undo	撤销上一次操作
9	Redo	恢复被撤销的操作
10	Workspace	显示/隐藏项目工作区窗口
11	Output	显示/隐藏输出窗口
12	Window List	文档窗口操作
13	Find in Files	在指定的多个文件（夹）中查找字符串
14	Find	指定要查找的字符串，按 Enter 键开始
15	Search	在当前文件中查找指定的字符串

9. 项目和项目工作区

Visual C++ 6.0 以项目工作区的形式来组织文件、项目和项目的配置。项目中所有的源文件都是采用文件夹的方式进行管理的,它将项目名作为文件夹名,项目工作区由工作区目录中的项目工作区文件组成,项目工作区文件含有工作区的定义和项目中所包含文件的所有信息。在此文件夹下包含源程序代码文件(.cpp、.h)、项目文件(.dsp)以及项目工作区文件(.dsw)等。

(1) 文件目录

若创建的文档应用程序项目名是 En_item,则文件目录结构如图 A-14 所示。

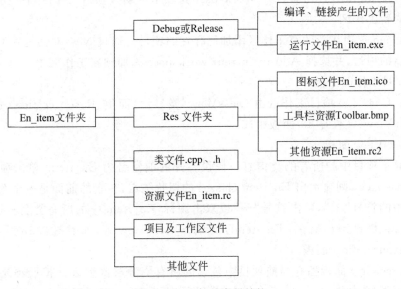

图 A-14 文件的布局结构

Visual C++ 6.0 应用程序向导创建项目时,系统会自动为项目创建 Win32 Debug 的运行程序,并使用相应的默认配置。和 Win32 Release 版本的区别在于:Debug 版本的运行程序有相应的调试信息码,Release 版本的运行程序没有,但 Release 版本的运行程序经过代码的优化,其程序的运行速度被最大加速。

在开发环境中,Visual C++ 6.0 是通过左边的项目工作区窗口来对项目进行各种管理的。项目工作区窗口包含三个页面,分别是 ClassView 页、ResourceView 页和 FileView 页。

(2) 其他一些文件类型的含义

*.opt:关于开发环境的参数文件,如工具条位置等信息。

*.aps(AppStudio File):资源辅助文件,二进制格式。

*.clw:ClassWizard 信息文件。

*.dsp(DeveloperStudio Project):项目文件。

*.plg:编译信息文件。

*.hpj(Help Project)：帮助文件项目。

*.mdp(Microsoft DevStudio Project)：旧版本的项目文件。

*.bsc：用于浏览项目信息。

*.map：执行文件的映像信息记录文件。

*.pch(Pre-Compiled File)：预编译文件，可以加快编译速度，但是文件非常大。

*.pdb(Program Database)：记录程序有关的一些数据和调试信息。

*.exp：记录 DLL 文件中的一些信息，只有在编译 DLL 时才会生成。

*.ncb：无编译浏览文件(No Compile Browser)。

（3）创建新的项目工作区

步骤：选择 File→New→打开 Workspace 选项卡→输入项目工作区名并指定工作区目录→生成新工作区。

可用 Open 选项在新的空工作区添加已存在的项目。通过 New 对话框中 Projects 选项卡创建新的项目,并选择 Add to current workspace 添加到新工作区中。

（4）项目工作区面板

Visual C++ 6.0 项目工作区由 ClassView(类显示)面板、ResourceView(资源显示)面板和 FileView(文件显示)面板组成。

① ClassView 面板

用来显示项目中的所有的类信息。假设打开的项目名为 En_item,单击项目区窗口底部的 ClassView,则显示出 En_item classes 的树状结点,在它的前面是一个图标和一个套在方框中的符号"+",单击符号"+"或双击图标,En_item 中的所有类名将被显示,如 CMainFrame、Cen_itemApp、CEn_itemDoc、CEn_itemView 等（如附图 A-15 所示）。

② ResourceView 面板

ResourceView 面板拥有当前项目中包含的所有资源层次列表。扩展顶层文件夹可以显示资源类型,如图 A-16 所示。如有对话框资源 Dialog、图标资源 Icon 等。双击某个低层图标或者低层资源文件名就可以打开相应的资源编辑器。

图 A-15　ClassView 面板

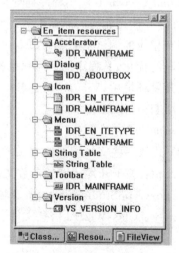

图 A-16　ResourceView 面板

③ FileView 面板

　　FileView 面板可将项目中的所有文件分类显示,如图 A-17 所示。每一类文件在 FileView 页面中都有自己的目录项(结点)。可以在目录项中移动文件,还可以创建新的目录项以及将一些特殊类型的文件放在该目录项中。创建一个新目录项,可在添加目录项的地方右击,选择 New Folder,输入目录项名称和相关的文件扩展名,单击 OK 按钮。

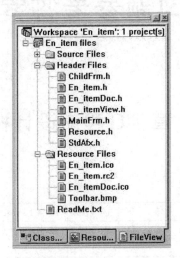

图 A-17　FileView 面板

附录 B

习题参考答案

第 1 章　C 程序设计概述

一、单项选择题

1	2	3	4	5	6	7	8	9	10	11	12	13	14	15	16	17	18	19	20
C	A	B	D	D	A	A	C	D	A	A	B	C	C	D	C	A	D	C	C
21	22	23	24	25															
D	B	D	A	D															

二、填空题

1. 高级语言　　2. main()　　3. main()　　4. { }　　5. 分号
6. 换行　　7. %f　　8. */　　9. 编译　　10. .exe
11. 语法错误　12. 调试　　13. 模块化　　14. 结构化　　15. 函数

三、判断题

1. 对　2. 对　3. 错　4. 对　5. 对　6. 错　7. 对　8. 错　9. 对　10. 对

四、编程题（略）

第 2 章　数据类型与表达式

一、单项选择题

1	2	3	4	5	6	7	8	9	10	11	12	13	14	15	16	17	18	19	20
A	D	C	D	D	B	D	D	B	A	A	D	C	D	D	C	A	A	B	C
21	22	23	24	25															
C	D	B	C	C															

二、填空题

1. double 2. 不同 3. 符号常量 4. 存储单元 5. 数据类型
6. 0 7. 转义字符 8. 变量 9. 7,6 10. －40
11. 27 12. 35 13. 5 14. double 15. 43
16. 53 17. 12,10,18 18. －32768 19. 1,2,1,0 20. 4,8

三、判断题

1. 对 2. 对 3. 错 4. 对 5. 对 6. 对 7. 错 8. 对 9. 对 10. 对

四、编程题（略）

第3章 顺序结构

一、单项选择题

1	2	3	4	5	6	7	8	9	10	11	12	13	14	15	16	17	18	19	20
A	B	C	D	D	B	D	D	C	B	A	D	B	D	D	D	A	D	D	B

21	22	23	24	25
C	C	B	D	D

二、填空题

1. % 2. scanf() 3. getchar() 4. 十进制小数
5. 5.5 6. c+25 7. 1,2,A,a 8. 2D
9. a=%65,b=%66 10. pow

三、判断题

1. 对 2. 错 3. 错 4. 对 5. 错 6. 对 7. 对 8. 错 9. 错 10. 对

四、改错题

1. 错误语句:int x,y;
   正确语句:int x,y,z;

2. 错误语句:#include <string.h>
   正确语句:#include <math.h>

五、编程题（略）

第4章 选择结构

一、单项选择题

1	2	3	4	5	6	7	8	9	10	11	12	13	14	15	16	17	18	19	20
B	C	A	B	B	D	D	A	D	A	C	C	C	B	C	A	B	B	B	D
21	22	23	24	25															
C	C	A	A	C															

二、填空题

1. 逻辑或
2. 非零
3. (x<-5)||(x>5)&&(x<50)
4. 自右至左
5. e
6. 先后顺序
7. 嵌套的if语句
8. x=-x
9. 7
10. $ $ $
11. 0.050000
12. x==0||x==5
13. Pass
14. '+'
15. default
16. 2,3,3
17. a+b>c&&a+c>b&&b+c>a
18. year%100!=0
19. 3
20. x%2==0

三、判断题

1. 对 2. 错 3. 错 4. 对 5. 对 6. 错 7. 错 8. 对 9. 对 10. 对

四、改错题

1. 错误语句：if(x%5==0||x%7==0)
   正确语句：if(x%5==0&&x%7==0)

2. 错误语句：scanf("%d",x);
   正确语句：scanf("%d",&x);

3. 错误语句：min=(temp>c)?temp:c;
   正确语句：min=(temp<c)?temp:c;

4. 错误语句：if (year%400!=0)
   正确语句：if (year%400==0)

五、编程题（略）

第5章 循环结构

一、单项选择题

1	2	3	4	5	6	7	8	9	10	11	12	13	14	15	16	17	18	19	20
C	D	D	C	C	D	D	C	A	D	A	C	B	A	C	C	C	C	D	C

21	22	23	24	25	26	27	28	29	30										
D	D	C	C	D	C	A	B	C	D										

二、填空题

1. 当,直到
2. 嵌套
3. i++
4. 0
5. 1.0/i 或 1/(float)i
6. num++
7. ||
8. e
9. A
10. x>=0
11. sum<1000
12. break
13. n-1
14. ctype.h
15. 23
16. month
17. sum=0
18. tn+2
19. tn+i
20. tn*10
21. tn*10+a
22. i++
23. tn/i
24. f2=f
25. x2=cos(x1)
26. n%10
27. i*100+j*10+k
28. 100-x-y
29. sign/n
30. $ $ $ $
    $ $
    $ $
    $ $ $ $

三、判断题

1. 对 2. 对 3. 错 4. 错 5. 错 6. 对 7. 对 8. 对 9. 错 10. 错

四、改错题

1. 错误语句:for (i=10;i>=0;i++)
   正确语句:for (i=10;i>0;i--)
2. 错误语句:if(i%3) break;
   正确语句:if(i%3) continue;
3. 错误语句:while(i>=n);
   正确语句:while(i<=n);
4. 错误语句:while(fabs(temp)>10^{-7})
   正确语句:while(fabs(temp)>1e-7)

五、编程题(略)

第6章 数 组

一、单项选择题

1	2	3	4	5	6	7	8	9	10	11	12	13	14	15	16	17	18	19	20
D	B	D	C	B	A	A	A	C	D	D	D	D	D	D	C	C	C	B	C
21	22	23	24	25															
B	D	D	D	C															

二、填空题

1. 同一个
2. 方括号
3. 连续
4. 0,19
5. 行
6. 一
7. %c
8. strlen(字符数组)
9. 10,6
10. 2
11. fibonacci[i−1]+fibonacci[i−2]
12. y[j][i]=x[i][j]
13. 98
14. −21
15. i<j
16. i−
17. str[i]=str[i+1]
18. string2[i]=string1[i]
19. j++;
20. string2[j]
21. sum[i]+a[i][j]
22. i
23. j=i
24. j==0||j==3
25. $ $ $
    $ $ $
    $ $ $
26. 6 5 4 3 2 1
27. banana orange
28. mid−1
29. c[i][j]+a[i][k]*b[k][j]
30. yhs[i−1][j−1]+yhs[i−1][j]

三、判断题

1. 对   2. 对   3. 对   4. 错   5. 对   6. 错   7. 对   8. 错   9. 对   10. 对
11. 错   12. 错   13. 对   14. 错   15. 对

四、改错题

1. 错误语句：scanf("%d",&a);
   正确语句：scanf("%d",&a[i]);
2. 错误语句：if(i<=j) sum=sum+a[i][j];
   正确语句：if(i==j) sum=sum+a[i][j];
3. 错误语句：printf("%c",c[i]);
   正确语句：printf("%s",c);
4. 错误语句：if (str[2]<string))
   正确语句：if (strcmp(str[2],string)<0)

五、编程题（略）

第7章 函 数

一、单项选择题

1	2	3	4	5	6	7	8	9	10	11	12	13	14	15	16	17	18	19	20
C	D	B	D	C	B	B	D	A	D	A	D	C	D	B	C	C	A	D	A
21	22	23	24	25	26	27	28	29	30	31	32	33	34	35	36	37	38	39	40
D	D	D	D	C	C	A	B	A	A	C	C	B	D	D	C	C	D	B	C

二、填空题

1. 用户自定义函数　　2. 嵌套　　3. 类型
4. 嵌套调用　　5. 递归调用　　6. 局部变量
7. 源程序文件　　8. static　　9. extern
10. 编译预处理　　11. max(a,b)　　12. int min(int x, int y)
13. 93　　14. min(a,b)　　15. c＝5
16. min＝j　　17. 4321　　18. 30
19. f(a＋i*h)　　20. x0－f/f1

三、判断题

1. 错　2. 对　3. 对　4. 对　5. 错　6. 对　7. 对　8. 错　9. 错
10. 对　11. 错　12. 对　13. 对　14. 对　15. 对　16. 对　17. 对　18. 错
19. 对　20. 对

四、改错题

1. 错误语句：else f＝n*f(n－1);
   正确语句：else f＝n*fac(n－1);

2. 错误语句：int f＝1;
   正确语句：static int f＝1;

五、编程题（略）

第8章　指　针

一、单项选择题

1	2	3	4	5	6	7	8	9	10	11	12	13	14	15	16	17	18	19	20
B	C	D	C	A	D	D	B	B	D	A	C	A	C	A	A	D	C	D	A
21	22	23	24	25	26	27	28	29	30										
D	C	A	C	C	D	B	A	D	B										

二、填空题

1. 指针变量　　2. 直接访问,间接访问　　3. 内容
4. 基类型　　5. 地址　　6. scanf("%d",p);
7. 入口　　8. 指针数组　　9. 指向函数的指针变量
10. 7,a[1][0]　　11. a,apple　　12. apple
　　　　　　　　　　　　　　　　　　　　pple

13. 2,a[2]   14. *p2=*p1   15. &sub_result,&add_result
ple
le
e
16. len++   17. *p2++   18. **p
19. (*p)(a,b,c)   20. english_name[n]

三、判断题

1. 对 2. 错 3. 错 4. 错 5. 错 6. 对 7. 对 8. 错 9. 对 10. 对

四、改错题

1. 错误语句：if (j<N)
   正确语句：if (j<M)

2. 错误语句：int *p,array_end;
   正确语句：int *p,*array_end;

3. 错误语句：scanf("%s",&string);
   正确语句：scanf("%s",string);

4. 错误语句：if (p[i]!='\0')
   正确语句：if (p[i]=='\0')

5. 错误语句：if (n<1&&n>7)
   正确语句：if (n<1||n>7)

五、编程题（略）

第9章 结构体与共用体

一、单项选择题

1	2	3	4	5	6	7	8	9	10	11	12	13	14	15	16	17	18	19	20
D	C	A	D	D	C	B	B	C	B	B	B	D	C	A	C	D	C	D	D

二、填空题

1. 指向结构体成员,结构体成员   2. double *   3. 存储空间
4. 地址   5. 共用体   6. 静态存储分配
7. 动态存储分配   8. stdlib.h   9. —
10. 数据类型   11. 256   12. A
13. 1002,1003,1004   14. p->age   15. p= p->next

三、判断题

1. 对 2. 对 3. 错 4. 对 5. 错 6. 对 7. 对 8. 错 9. 对 10. 错

四、改错题

1. 错误语句：struct stu p＝student；
   正确语句：struct stu *p＝student；

2. 错误语句：p＝head－＞next；
   正确语句：p＝p－＞next

五、编程题（略）

第10章 文 件

一、单项选择题

1	2	3	4	5	6	7	8	9	10	11	12	13	14	15	16	17	18	19	20
A	D	D	C	B	D	D	B	B	D	B	D	D	B	C	A	C	D	D	B
21	22	23	24	25															
C	C	C	D	C															

二、填空题

1. 文件
2. 路径
3. 内存
4. 二进制
5. 二进制
6. 二进制
7. 非缓冲文件系统
8. 缓冲区
9. fclose(fp);
10. 关闭
11. 操作系统
12. feof()
13. fscanf()
14. 随机
15. fp
16. w
17. 6
18. Fine,thank you!
19. 11110000
20. 31

三、判断题

1. 对 2. 对 3. 错 4. 对 5. 错 6. 对 7. 对 8. 错 9. 对 10. 对

四、改错题

错误语句：fclose()；
正确语句：fclose(fp)；

五、编程题（略）

参 考 文 献

1. Brian W. Kernighan, Dennis M. Ritchie. The C Programming Language (Second Edition). China: Prentice—Hall international, Inc, 1988.
2. Stephen Kochan. Programming in C(英文版. 第 3 版). 北京：人民邮电出版社, 2006.
3. Stephen Kochan. C 语言编程(第三版). 张小潘译. 北京：电子工业出版社, 2006.
4. Jeri R. Hanly, Elliot B. Koffman. 问题求解与程序设计 C 语言版(第 4 版). 朱剑平译. 北京：清华大学出版社, 2007.
5. 谭浩强. C 程序设计(第三版). 北京：清华大学出版社, 2005.
6. 田淑清. 全国计算机等级考试二级教程——C 语言程序设计. 北京：高等教育出版社, 2007.
7. 全国计算机等级考试命题研究组. 笔试题分类精解与应试策略——二级 C 语言程序设计. 天津：南开大学出版社, 2006.
8. 张居敏. C 语言编程精要 12 讲. 北京：电子工业出版社, 2006.
9. 曹衍龙. C 语言实例解析精粹. 北京：人民邮电出版社, 2006.
10. 牛志成, 徐立辉, 刘冬莉. C 语言程序设计. 北京：清华大学出版社, 2008.